绿色新能源科普知识馆

GAOXIAO BIANJIE DE
QINGNENG

氢能作为 21 世纪的绿色能源，
在未来可持续能源中占有重要地位

汪 洋◎编

高效便捷的氢能

由于其清洁，便于储存和资源丰富的特点，在未来可持续能源中将占有重要地位。工业上生产氢的方式很多，常见的有水电解制氢、煤炭气化制氢、重油及天然气水蒸气催化转化制氢等。本书对氢能作全方位的介绍，来展现一个不一样的高效便捷的能源新秀——氢能。

甘肃科学技术出版社

图书在版编目（CIP）数据

高效便捷的氢能 / 汪洋编 .— 兰州 : 甘肃科学技术出版社 , 2014.3

（绿色新能源科普知识馆）

ISBN 978-7-5424-1929-3

Ⅰ . ①高… Ⅱ . ①汪… Ⅲ . ①氢能－普及读物 Ⅳ . ① TK91-49

中国版本图书馆 CIP 数据核字 (2014) 第 045356 号

出 版 人　吉西平

责任编辑　韩波（0931-8773230）

封面设计　晴晨工作室

出版发行　甘肃科学技术出版社（兰州市读者大道 568 号　0931-8773237）

印　　刷　北京威远印刷有限公司

开　　本　700mm×1000mm　1/16

印　　张　10

字　　数　153 千

版　　次　2014 年 9 月第 1 版　2014 年 9 月第 1 次印刷

印　　数　1～3000

书　　号　ISBN 978-7-5424-1929-3

定　　价　29.80 元

前言 PREFACE

我们生活的这个精彩纷呈的地球，能源时刻都在伴随着人类的活动而存在。人类的生存离不开能源，我们每天吃饭，是为了补充体能；天冷了，要穿上保暖的衣服，是为了保存体温，不让能量外泄；我们看电视、上网、使用手机，都需要电；汽车在路上前行，需要汽油。

自工业革命以来，能源问题就开始出现。在全球经济高速发展的今天，国际能源来源已上升到了国家战略的高度，各国都纷纷制定了以能源供应为核心的能源政策。在此后的20多年里，在稳定能源供应的要求下，人类在享受能源带来的经济发展、科技进步等好处，但也遇到一系列无法避免的能源安全挑战。能源短缺、资源争夺以及过度使用能源造成的环境污染等问题威胁着人类的生存与发展。

当前，能源的发展、能源和环境，已成为全世界、全人类共同关心的话题，这也是中国社会经济发展的障碍。但是，当前的状况是世界大部分国家能源供应不足，不能满足经济发展的需要。这一系列问题都使绿色能源和可再生能源在全球范围内受到关注。从目前世界各国既定能源战略来看，大规模的开发利用绿色能源和可再生能源已成为未来世界各国能源战略的重要组成部分。

我们生活在同一个地球上，开发和利用新能源，缓解能源、环境、生态问题已迫在眉睫，新能源、绿色能源如太阳能、地热能、风能、海洋能、生物质能和核聚变能等，越来越得到世人的重视。不论是从经济社会走可持续发展之路和保护人类赖以生存的地球的生态环境的高度来审视，还是从为世界上十几亿无电人口和特殊用途解决现实的能源供应出发，开发利用新能源和可再生能源都具有重大战略意义。可以这么说，新能源和可再

生能源是人类社会未来能源的基石，是大量燃用的化石能源的替代能源。

实践证明，新能源和可再生能源清洁干净，只有很少的污染物排放，人类赖以生存的地球的生态环境相协调的清洁能源。

由于现阶段广大青少年对绿色新能源认识比较单一，甚至相当匮乏，多数人处于一知半解的水平，这严重影响了新能源的推广认识和绿色低碳生活的实现，基于熟知绿色新能源知识和提高低碳意识已成为广大读者的迫切需要，我们编写了本书。

本书重点讲述了新能源知识和新能源推广应用，知识版块设置合理，方便阅读、理解与记忆。

本书集知识性、趣味性、可读性于一体，是一本难得的能源环保书籍，希望本书能为你带来绿色能源环保知识，让你在新能源推广应用之路上，为我们能够拥有一个美好的明天一起加油。

目 录 CONTENTS

第四章 氢的利用——燃料电池

第五章 氢能的其他利用方式

第一章

Chapter

氢和氢能

氢是一种能源载体，而本书所说的氢能，是指目前或可以预见的将来，人类社会可以通过某种途径获得的，并且能够以工业规模加以利用的储藏在地球上的氢。氢大量存在于水中，因此，从这种意义上说，我们地球上的氢资源是取之不尽的。现在社会中传统能源所面临的各种问题和危机层出不穷，所以对氢能的开发有着重要的意义。

第一节 QING
氢

人们对于氢似乎有些陌生，其实它并不是新生事物，在很早以前，人们就发现了氢，而氢能的利用也已渗透到人们的生产生活中。氢气是最轻的气体，在我们呼吸的空气中就有氢气存在。氢元素广泛存在于地球的地壳和大气中，甚至在我们的身体里，氢元素也是必不可少的。但是氢到底是什么样子，我们似乎还没有太清晰的概念，下面我们就慢慢揭开它的神秘面纱，一探究竟。

一 氢的发现

谈到氢，我们不禁会问，氢是怎么来的？又是谁发现了氢呢？

早在16世纪就有人注意到了氢的存在，但因当时人们的认知能力有限，把接触到的各种气体都笼统地称作"空气"，因此，氢气并没有引起人们足够的重视。直到18世纪末，才有人开始做提取氢气的实验。因此，事实上我们很难说究竟是谁发现了氢，即使卡文迪许这位被公认为对氢的发现和研究有过很大贡献的化学家，也认为氢的发现不只是他一人的功劳。

早在16世纪，瑞士著名医生帕拉塞斯就描述过，铁屑与酸接触时会有一种气体产生。他描述这种现象时说："把铁屑投到硫酸里，就会产生气泡，像旋风一样腾空而起。"除此之外他还发现，这种气体可以在空气中燃烧。但是由于他的职业，有很多的病人需要得到帮助，因此帕拉塞斯就没有时间去做进一步的研究。就这样过了1个世纪，到了17世纪，比利时著名的医疗化学派学者海尔蒙特发现了氢。由于那时人们的智慧被一种虚假的理论所蒙弊，认为不管什么样的气体，都不可能单独存在，既不能收集，也无法测量。这位医生也认为氢气与空气没有什么差异，便没有对氢气进行进一步的研究。

最先把氢气收集起来并进行认真研究的是英国的一位化学家卡文迪许。

卡文迪许出于对化学的热爱，很热衷于化学实验，有一次在进行化学实验时他不小心把一铁片掉入盛盐酸液体的容器中，当他正在为自己的粗心而懊恼不已的时候，却发现一奇怪的现象：盐酸溶液中产生了很多气泡。这种现象一下子吸引了他，刚才的气恼心情也全跑到九霄云外了。他飞速地思考着：这种气泡是从何而来呢？它是存在于铁片中还是存在于盐酸溶液中呢？于是，他又做了几次实验，把一定量的锌和铁投到充足的盐酸和稀硫酸中（每次用的硫酸和盐酸的质量是不同的），结果发现所产生的气

体量是固定不变的。由此卡文迪许得出结论：这种新气体的产生与所用酸的种类没有关系，与酸的浓度也没有关系。在接下来的试验中，卡文迪许用排水法收集这种气体，他发现这种气体对蜡烛的燃烧起不到任何的助燃作用，也不能帮助动物的呼吸，而且如果把这种气体和空气混合在一起，一遇到明火就会发生爆炸。卡文迪许是一位十分认真的化学家，他经过多次实验终于发现了这种新气体与空气普遍混合后发生爆炸的极限。

1766年，卡文迪许向英国皇家学会提交了一篇名为《人造空气实验》的研究报告，在报告中他讲述了把铁、锌等与稀硫酸、稀盐酸作用制得"易燃空气"（即氢气），并用普利斯特里发明的排水集气法把它收集起来进行研究。

卡文迪许经过多次实验后发现，一定量的某种金属分别与足量的各种酸发生反应，所产生的这种气体

贴士

卡文迪许很有素养，但是没有当时英国的那种绅士派头。他不修边幅，几乎没有一件衣服是不掉扣子的；他不善交际，不善言谈，终生未婚，过着奇特的隐居生活。

的量总是固定的，与酸的种类、浓度都无关；卡文迪许还发现，这种气体和空气混合后，将其点燃就会爆炸；还发现这种气体与氧气发生化学反应后生成水，从而认识到这种气体和其他已知的各种气体都不同。但是当时因为卡文迪许很相信燃素说，按照燃素说的解释，这种气体燃烧起来如此的猛烈，肯定富含燃素，在燃素说里，金属也是含燃素的。因此卡文迪许认为，这种气体是发生化学反应时从金属中分解而来的，并非来自于酸。他设想金属在酸中溶解时，他们所含的燃素便释放出来，形成了这种可燃空气。卡文迪许甚至一度设想这种气体就是所谓的燃素，没想到这种推测很快就得到当时的一些杰出化学家舍勒、基尔万等的赞同。

当时很多信奉燃素学说的学者

氢气球

认为，燃素是有"负重量"的。那时的气球是用猪的膀胱做成的，把氢气充到这种膀胱气球中，气球便会徐徐上升，这种现象曾经被一些燃素学说的信奉者们作为"论证"燃素具有负重量的根据。但卡文迪许终究是一位非凡的科学家，后来他弄清楚了气球在空气中所受浮力问题，通过精确研究，证明氢气是有重量的，只是比空气轻很多。

他是这样通过实验来检验氢气重量的：先用天平称出金属和装有酸的烧瓶的重量，然后将金属投入酸中，用排水集气法把产生的氢气收集起来，并测出体积。接下来再称量发生反应后烧瓶以及烧瓶内装物的总重量。这样他确定了氢气的相对密度只是空气的9%。可是，那些化学家仍固执己见，不肯轻易放弃旧说，鉴于氢气燃烧后会产生水，于是他们改说氢气是燃素和水的化合物。

卡文迪许已经测出了这种气体的相对密度，接着又发现这种气体燃烧后的产物是水，无疑这种气体就是氢气了。卡文迪许的研究已经比较细致，他只须对外界宣布他发现了一种氢元素并给它起一个名称就行了，真理的大门正准备为他敞开，幸运之神也在向他招手。但是，卡文迪许受了虚假的"燃素说"的欺骗，坚持认为水是一种元素，不承认自己无意中发现了一种新元素，实在令人惋惜。

后来，法国化学家拉瓦锡听说了这件事，于是他重复了卡文迪许的实验，并用红热的枪筒分解了水蒸气，才明确提出正确的结论：水不是一种元素而是氢和氧的化合物。从此纠正了2000多年来一直把水当做元素的错误概念。1787年，他正式提出"氢"是一种元素，因为氢燃烧后的产物是水，所以在用拉丁文给它命名时，所取的含义为"水的生成者"。

二　氢的常识

要想真正的了解氢，我们不仅要知道氢是如何被发现的，更要熟悉有关氢的一些基本常识。

氢是一种化学元素，化学符号为 H，原子序数是1，在元素周期表中位于第一位。氢的原子是所有原子中最小的。氢的单质形态通常是氢气，氢气是由无色无味，而且非常容易燃烧的双原子分子组成的气体，是最轻的气体。氢原子存在于水、有机化合物和生物中，是目前为止发现的宇宙中含量最高的一种物质。另外，氢气还具有很强的导热能力，跟氧化合反应后生成水。在0℃和一个大气压下，每升氢气只有0.09克——还达不到同体积空

拉瓦锡

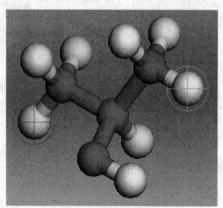

氢原子模型

贴士

原子序数是指元素在周期表中的序号，原子序数是一个原子核内质子的数量，数值上等于原子核的核电荷数（即质子数）或中性原子的核外电子数，拥有同一原子序数的原子属于同一化学元素。

气质量的 1/14。

氢在自然界有 2 个稳定的同位素氕（1H）和氘（2D），它们的相对含量分别为 99.9844% 和 0.0156%。氚（3T）是放射性同位素，它的半衰期为 12.26 年。

科学家用大爆炸理论解释氢的形成。氢原子是宇宙中最早形成的原子之一。大爆炸理论假定宇宙是极其紧凑、致密和高温的。大约 100 亿~200 亿年以前，发生大爆炸后，宇宙开始膨胀和冷却。爆炸产生了一种合力，这种合力后来分解为重力、电磁力和核力。1 秒钟后，质子形成了，随后，在所谓的"最初三分钟"里，质子和中子结合形成氢的同位素——氘以及其他一些轻元素如氦、锂、硼和铍等。大爆炸发生 30 万~100 万年后，宇宙降温到 3000℃，质子和电子结合形成氢原子。

大爆炸理论的整体框架来自于爱因斯坦的广义相对论方程，这个方程后来被修改了无数次。

氢是宇宙中最丰富的元素，在构成宇宙物质的元素中，90% 以上是氢。太阳里面也有氢，另外，绝大多数恒星以及一些行星，比如木星主要是由氢构成。氢由于受恒星的吸引而富集到恒星上，后来氢发生核聚变形成氦，这一过程为包括太阳在内的恒星提供能量。

三 氢的分布

在地球上和地球大气中只存在极稀少的游离状态氢。在地壳里，如果按质量计算，氢只占总质量的 1%，而如果按原子百分数计算，则占 17%。氢在自然界中分布很广，水便是氢的"仓库"——氢在水中的质量分数为 11%；泥土中约有 1.5% 的氢；石油、天然气、动植物体也含氢。在空气中，氢气到不多，约占总体积的一千万分之五。在整个宇宙中，按原子百分数来说，氢却是最多的元素。据研究，在太阳的

地 球

大气中，按原子百分数计算，氢占81.75%。在宇宙空间中，氢原子的数目比其他所有元素原子的总和约大100倍。

地球及各圈层氢都有氢分布，按照地球物理学家的意见，他们将地球分为地表，地幔，地核。氢在其中的相对含量（单位 1×10^{-6}）分别为：地球总体 3.7×10^2，地核30，下地幔 4.8×10^2，上地幔 7.8×10^2，地壳 1.4×10^3。氢在地壳中大约为第十位丰富的元素。地球中的氢主要是以化合物形式存在，其中水是氢的最重要的化合物。氢占水质量的1/9。海洋的总体积约为13.7亿立方千米，若把其中的氢提炼出来，约有 1.4×10^{17} 吨，所产生的热量是地球上矿物燃料的9000倍。

矿物中氢可以以氢氧离子（OH）、水（H_2O）以及在某些情况下以氢离子（H^+）形式存在（如在某些盐类矿物中）。

氢以游离气态分子的形态分布在地球的大气层中，但地表数量很少。地球大气圈底层含氢量为 $(1 \sim 1500) \times 10^{-6}$，其浓度随着大气圈高度的上升而增加。

氢也是生命元素。氧、碳、氢、氮、钙、磷分别占人体质量的 $61\%, 23\%, 10\%, 2.6\%, 1.4\%$ 和 1.1%。也就是说一个正常的人，其体内氢会占10%（氧61%，碳23%，氮2%，钙1.4%，磷1%）。氢是人体内占第三位的元素，排在氧、碳之后，也是组成一切有机物的主要成分之一。

在地球的对流层大气中氢的含量很少，在地球的平流层10～50千米，几乎没有氢；在地球大气内层80～500千米，氢占50%，在地球大气外层，500千米以上，氢占70%。

太阳光球中氢的相对含量为 2.5×10^{10}，是硅（以硅的相对含量为 10^6 计）的2.5万倍，氢元素是太阳光球中最丰富的元素。据计算，氢占太阳及其行星原子总量的92%，占原子质量的74%。CH_4 存在于巨大行星的

贴士

人体组成的元素有81种，其中含量较多的是氧（O），碳（C），氢（H），氮（N），钙（Ca），磷（P），钾（K），硫（S），钠（Na），氯（Cl），镁（Mg）11种元素，共占人体质量的99.95％以上，其余组成人体的元素还有70种，为微量元素。

太阳光球

大气圈中，其数量大大超过了氢。此外，在木星和土星的大气圈中还发现少量氢。巨大的行星是由冰层围绕着的核心组成，有些是由高度压缩的氢组成。两个最轻的元素——氢和氦，同时也是宇宙中最丰富的元素。

四 氢的特性

1. 世界上最轻的气体

氢是一种化学元素，氢的原子是所有原子中最小的。氢通常的单质形态是氢气，在通常条件下氢气是无色无味的气体，氢的气体分子由两个原子组成。

氢是宇宙中含量最高的物质。当氢处于不同的压力和温度条件下，就会呈现出不同的状态，如在101千帕压强下、零下252.87℃时，氢气就会成为无色的液体；若温度不断下降，达到零下259.1℃时，氢就会由液态变为雪花状固体。

氢原子藏在水中，它的导热能力特别强。氢与氧化合就会生成水。氢是世界上最轻的气体，在0℃的温度和正常的一个大气压下，每升氢气只有0.09克重——仅相当于同体积空气质量的十四点五分之一。

早在很久以前，氢的这种特性就使人们产生了浓厚的兴趣。在1780年的法国，著名化学家布拉克用仪器将氢气导入猪的膀胱中，制成了人类历史上第一个最早的氢气球，放开手之后，它冉冉地飞向了高空。现在，人们是在橡胶薄膜中充入氢气，能够大量制造氢气球。

每到十月一日国庆节期间，我国人民就会举国欢庆。首都北京天安门广场上，色彩斑斓、大大小小的氢气球便高高地浮在空中，随风摇摆，翩翩起舞，为节日的首都增添了喜庆的气氛。

五颜六色的氢气球

除了欢度节日，增加欢乐气氛之外，气球还有没有其他的用处呢？科学家很早就给我们做出了回答。在人类漫长的历史中，经受了无数次的洪水、干旱、地震等自然灾害。古时候的人们都十分迷信，认为这些灾害都是因为自己有过错，触怒了上天，所以上天降下灾祸。随着科学的发展，人们逐渐认识到这些都是自然现象，而且可以对它们进行预测。

很久以来，人们对洪水无可奈何。凶猛的洪水一来就要淹没村庄，毁坏农田，有时甚至会危及生命。怎么才能对付洪水呢？科学家研究发现，形成洪水的原因，是因为长时间倾泻暴雨造成的，暴雨又是从雨云中降下的。如果能观测到云层的厚度和水分，就可以预报天气，人们在听到暴雨来临的消息后就会做好预防措施。这样就减轻了洪水带来的危害。

可是，云层飘浮在高高的天空，人类又没有翅膀，飞不到那样的高度，怎么办呢？

在化学家发现了氢气后，这个问题一下子就迎刃而解了。科技工作者准备了许多氢气球，让它们带上观测仪器，然后放飞氢气球，氢气球把这些观测仪器带进高空的云层，这样，人们不用上天，就可以知道天空中云层的变化，从而做出准确的天气预报。

后来，氢气球又有了一种新的用途，利用它携带干冰、碘化银等药剂升上天空，在云层中喷撒，进行人工降雨，缓解旱情。

氢的原子是化学元素中最小的一个，由于它又轻又小，所以跑得最快，如果人们让每种元素的原子进行一场别开生面的赛跑运动，那

气象氢气球

么冠军非氢原子莫属。我们可能遇到过这样的事情：灌好的氢气球，往往过一夜，第二天就飞不起来了。这是因为氢气能钻过橡胶上肉眼看不见的小细孔，偷偷地溜走了。不仅如此，在高温、高压下，氢气甚至可以穿过很厚的钢板。

2. 氢原子活泼好动

氢原子是最活泼好动的，很少有安静的时候，它的"多动症"有时候会闯祸。

曾经发生过这样一件事。第二次世界大战前夕的 1938 年，在英国突然发生了一起飞机失事的空难事故，造成机毁人亡。失事的是一架

英国的"斯皮菲尔"式战斗机，飞行员是一位勋爵的儿子。那一天，蓝天如洗，碧空万里，是适合特技飞行的绝好天气。勋爵的儿子驾驶飞机升空，在碧蓝的天空中做着各种飞行动作，地面上观看的人们目不转睛地看着。忽然，飞机像断了线的风筝，一个倒栽葱就向地面坠落，随着一声巨响，整架飞机爆炸了，化成一堆废墟，勋爵的儿子当即死于这场空难。勋爵的儿子驾驶技术是过硬的，好好的一架飞机为什么会突然失事，很令人疑惑。于是，英国空军下令立即调查飞机失事的原因。

结果发现，这起事故并非人为的破坏，而是飞机发动机的主轴断成了两截。经过进一步检查，发现在主轴内部有大量像人的头发丝那么细的裂纹，冶金学中称这种裂纹为"发裂"。为什么在发动机轴里会出现大量的"发裂"呢？要怎样才能防止这种裂纹造成的断裂现象呢？后来发现，钢中的"发裂"是由钢在冶炼过程中混进的氢原子引起的。氢原子混进钢中后就像潜伏在人体中的病毒一样，刚开始并不"兴风作浪"，一旦"气候"变化，

它就跑出来变成小的"氢气泡"，像"定时炸弹"一样，在外力作用下就会一触即发，使钢脆裂。这种脆裂就叫"氢脆"。

3. 氢气易燃易爆

能够像鸟一样飞上高高的天空，是人类长久以来的梦想。在18世纪80年代初，欧洲出现了热气球，人们很想乘坐热气球上天，可是又担心有生命危险，于是先用动物做实验，尽管已经把马、牛、羊等动物送上了天空，可是对于人类来说，对于上天内心还是充满着未知的恐惧，更没有人愿意冒这个风险。

在1783年的法国，科学界集体向国王情愿，请求批准用气球送两名死刑犯人上天的计划。

有一位勇敢的法国青年得知了此消息，也很想加入到这次计划中，于是他找了一个跟他一样不怕死的青年，向国王请求让他们代替死刑犯，国王被他们的勇敢打动了，准

热气球

许了他们的要求。在11月21日这天，热气球载着两位勇敢的青年，进行了人类历史上第一次热气球载人飞行，并取得了圆满的成功。1784年，他们又提出了一个更大胆的计划：乘气球飞越英吉利海峡。此时氢气球已经在人们的不断探索下诞生了，他们决定把氢气球和热气球组合在一起，同时乘坐两只气球飞向英国。出发当天，两只气球被绑在了一起，点火升空。点火不久后，不幸的事情发生了，气球在半空中发生了爆炸，两个年轻人也在事故中罹难，人们为之感到悲痛。但是气球爆炸的原因是什么？后来

英吉利海峡，又名拉芒什海峡，位于英国和法国之间，是分隔英国与欧洲大陆的法国，并连接大西洋与北海的海峡。海峡长560千米，宽240千米，最狭窄处又称多佛尔海峡，仅宽34千米。

经过论证后发现，热气球上升的原理是靠位于热气球下面的一个火盆来给热气球加热，使空气膨胀，热气球才缓缓升起。悲剧发生也是由于这个火盆。氢气作为一种易燃易爆的气体，一遇见明火就会发生爆炸。就因为他们缺乏对氢气的了解，才导致了这场灾难的发生。

常温下，氢气的性质很稳定，不容易跟其他物质发生化学反应。但是，当条件发生变化时，比如加热、点燃、使用催化剂等，情况就不同了，氢气就会发生燃烧、爆炸或者化合反应。不纯的氢气点燃时会发生爆炸。这里存在一个界限，当空气中所含氢气的体积占混合体积的 4% ~ 74.2% 时，点燃都会产生爆炸，这个体积分数范围叫爆炸极限。

氢气和氟、氯、氧、一氧化碳以及空气混合均有爆炸的危险，其中，氢与氟的混合物在低温和黑暗环境下就能发生自发性爆炸，与氯的混合比为 1：1 时，在光照下也可爆炸。氢由于无色无味，燃烧时火焰是透明的，因此其存在不易被感官发现，在许多情况下，向氢气中加入乙硫醇，乙硫醇是一种无色液体，有蒜气味，以便氢气泄漏的时候能嗅到，并可同时赋予火焰以颜色。

氢气易燃易爆，曾经闯过不少祸。历史上的"兴登堡"火灾就是一起著名的氢气事故。事情的大致经过是这样的：1936 年 3 月，德国的齐柏林飞艇公司完成了梦幻飞艇 LZ129"兴登堡"号的建造，"兴登堡"号号称是齐柏林飞艇公司建造的最先进也是最大的一艘飞艇，并且以当时兴登堡总统的名字来命名。在 20 世纪 30 年代，"兴登堡"号是当时当之无愧的"空中豪华客轮"，还创下了连续 34 次满载乘客及货物穿越波涛汹涌的大西洋的辉煌业绩，最远还到达过北美和南美。

"兴登堡"号飞艇在当时是独一无二的，堪称是当时最大，最先进，也是最豪华的飞艇，成功商人和社会名流是豪华飞艇的主要消费者。1937 年 5 月 6 日也是让世人悲痛的日子，飞艇到达新泽西州莱克赫斯特海军航空总站上空，正要准备着陆，让人不可思议的是在着陆过程中突然起火，仅仅几分钟的时间，华丽的"兴登堡"号飞艇就在这场灾难性的事故中被大火焚毁，97 名乘客和乘务人员中至少有 23 人遇难。

"兴登堡"号飞艇

至于起火原因仍然是个谜团,不过很多人认为它是由发动机放出的静电或火花点燃了降落时放掉的氢气所致。

另一种说法是,地面静电通过系留绳索传到艇身,使凝聚在气囊蒙布上的一层水滴导电,把整个艇体变成一个巨大的电容器;雷电交加的暴雨点燃了集结在飞艇后部的氢气。"兴登堡"号失事后,飞艇退出历史舞台。

自古水火不相容,我们都知道这个浅显的道理,很多情况下,我们都是用水来灭火的,消防部队总是开着水车去灭火。如果说海水也能燃烧,海面上燃起通天大火,人们可能会感到不可思议,甚至认为是天方夜谭。但是,事实证明,海水的确能燃烧。

1977年11月19日上午,孟加拉湾偏西处热带气旋袭击了印度的安德拉邦,凶猛的大风过后,数千米的海面上突然燃起了熊熊大火。大火燃起的原因是由于那阵时速达200千米的大风与海水发生猛烈摩擦,一瞬间产生了特别高的热量,将水中的氢原子和氧原子分离,在大风中电荷的作用下,使氢离子发生爆炸,从而形成一片"火海"。据科学家估算,这场大火所释放的能量,相当于200颗氢弹爆炸时所释放的全部能量。

竟然会发生这样的离奇事件!我们在惊讶之余,会得到很大启发,原来浩瀚的大海也能燃烧起炽烈的火焰,海水中蕴藏着氢,蕴藏着巨大的能量。如果把海水中的氢原子和氧原子分离,就可以把氢作为能源加以利用,到那时候,波涛汹涌的海洋就可以成为人类取之不竭的能源宝库。

孟加拉湾海面

4. 氢气具有还原性

氢气还有一个特点，那就是还原性。比如氢气与氧化铜发生的还原反应。

氢气与氧化铜反应，实质是氢气夺取氧化铜中的氧生成水，使氧化铜变为红色的金属铜，也就是把氧化铜还原为金属铜。

在这个反应中，氧化铜失去氧变成铜，氧化铜被还原了，即氧化铜发生了还原反应。这种含氧化合物失去氧的反应，叫做还原反应。能夺取含氧化物里的氧，使它发生还原反应的物质，叫做还原剂。一般金属都是以其氧化态存在的，譬如氧化铁，氧化锆之类的。用氢气把氧夺取，形成金属单质。

氢气具有还原性，根据它的这种特性，氢可以用于冶炼某些金属材料等。在高温下用氢将金属氧化物还原，用这种办法来制取金属，和其他方法相比较，产品的性质更容易控制，同时金属的纯度也高，

这种方法早已经广泛用于钨、钼、钴、铁等金属粉末和锗、硅的生产。

五　氢的三态

氢气可以以气、液、固三种状态存在，下面分别叙述其特性。

1. 气体氢

在一般情况下，氢气以气态的形式存在。

2. 液体氢

在一定的条件下，气态氢可以变成液态氢。

（1）液氢的生产

氢作为燃料或作为能量载体时，液氢是其较好的使用和储存方式之一。因此液氢的生产是氢能开发应用的重要环节之一。氢气的转化温度很低，最高为20.4开，所以只有将氢气预冷却到该温度以下，再节流膨胀才能产生液氢。

在常温的情况下，正常氢或标准氢中有75%正氢和25%仲氢。低

贴士

在已知的物质中，全部都存在"三态"，即固态、液态、气态，并且三种状态在一定条件下可以相互转化，在转化过程中，大多数都伴有吸热放热的现象。

于常温时，正－仲态的平衡组成将受温度的影响，发生变化。氢在液化过程时，会产出正常氢即液氢，液氢自动进行正－仲态转化，并最终达到相应温度下的平衡氢。由于氢的正－仲转化会放热，这样，液氢就会发生气化；在前期的 24 小时内，液氢的蒸发损失比例为 18%，进行到 100 小时后液氢的损失比例将超过 40%。在氢的液化过程中，必须进行正－仲催化转化，因为获得标准沸点下的平衡氢，即仲氢浓度为 99.8% 的液氢才是目的。

生产液氢一般可采用三种液化方法，即节流氢液化循环、带膨胀机的氢液化循环和氦制冷氢液化循环。

节流循环是 1859 年由德国的林德和英国的汉普逊分别独立提出的，所以也叫林德或汉普逊循环。1902 年法国的克劳特首先实现了带有活塞式膨胀机的空气液化循环，所以带膨胀机的液化循环也叫克劳特液化循环。氦制冷氢液化循环用氦作为制冷工质，由氦制冷循环提供氢冷凝液化所需的冷量。

从氢液化单位能耗来看，以液氮预冷带膨胀机的液化循环最低，节流循环最高，氦制冷氢液化循环居中。如以液氮预冷带膨胀机的循环作为比较基准，则节流循环单位能耗要高 50%，氦制冷氢液化循环高 25%。所以，带膨胀机的循环效率最高，在大型氢液化装置上被广泛采用。不过节流氢液化循环，虽然效率不高，但流程简单，没有在低温下运转的部件，运行可靠，所

液氢储存

膨胀机

以在小型氢液化装置中应用较多。氦制冷氢液化循环消除了处理高压氢的危险，运转安全可靠，但氦制冷系统设备复杂，故在氢液化过程中应用不是很多。

（2）凝胶液氢（胶氢）

液氢虽然是一种液体，但是，它具有与一般液体不同的许多特点。例如，液氢分子之间的缔合力很弱；液态范围很窄（-253℃~-259℃）；液氢的密度和黏度都很低；液氢极性非常小，离子化程度很低或者不存在离子化等。一般来说，液氢的物理性质介于惰性气体和其他低温液体之间。除了氦以外其他任何物质都不能溶于液氢。

液氢的主要用处是做燃料，液氢作为火箭燃料有下列缺点：

首先是液氢的密度低。复合固体推进剂密度为 1.6~1.9 克/立方厘米，可储存液体推进剂的密度为 1.1~1.3 克/立方厘米，而液氢的密度只有 0.07 克/立方厘米；其次是温度分层；第三是蒸发速率高，产生相应的损失和危险；最后是液氢在储箱中晃动引起飞行状态不稳定。

为了克服液氢的缺点，科学家提出将液氢进一步冷冻，生成液氢和固氢混合物，即泥氢，以提高其密度。或在液氢中加入胶凝剂，成为凝胶液氢，即胶氢。胶氢像液氢一样呈流动状态，但又有较高的密度。

和液氢相比，胶氢的优点是：

第一是大大增加了安全性。液氢凝胶化以后黏度增加 1.5 倍~3.7 倍，降低了泄漏带来的危险。

第二是减少了蒸发损失。液氢凝胶化以后，蒸发速率仅为液氢的 25%。

第三是增大了密度。液氢中添加 35% 甲烷，密度可提高 50% 左右；液氢中添加 70%（摩尔比）铝粉，密度可提高 300% 左右。

火箭

贴士

　　比冲是内燃机的术语，比冲也叫比推力，是发动机推力与每秒消耗推进剂质量的比值。比冲的单位是牛·秒/千克。比冲大小对火箭的射程影响很大，比冲越高，射程越远。

　　第四是可以减少液面晃动。液氢凝胶化以后，液面晃动减少了20%～30%，有助于长期储存，并可简化储罐结构。

　　第五是可以提高比冲，提高发射能力。

3. 固体氢

　　理论计算表明固体氢具有许多特殊的性能，所以固体氢是科学家多年追求的目标。

　　（1）固体氢制备

　　进一步冷却液氢，达到 -259.2℃ 时，就得到白色固体氢。

　　（2）固体氢变成金属的条件

　　在很高的压力下，固体氢可能成为金属态。最近的计算表明，固体氢在 300 吉帕的压力下通过一系列的反应后，应当能够变成一种金属。现在，研究人员在高于这一压力，即在高达 320 吉帕的压力下获得了光谱测量结果。虽然仍没有发现金属氢，但是第一次观测到了氢的心智的变化——在这个压力下氢完全变成了不透明状态，但这种所谓的"黑色氢"还不是金属。但是据科学家的预测，固体氢呈现出金属的性质，应当在 450 吉帕左右的压力下出现，这是探索金属氢的人们所追求的下一个目标。

　　从物理学理论研究可知，金属氢还可能在一定条件下转变为超导体。

　　（3）固体氢的用途

　　一是可以做冷却器。固体氢在特殊制冷方面可以发挥作用。最近的例子是由于氢冷却器的失效而导致天文探测器失效。

　　1999 年 3 月 4 日，美国航空航天局发射的一颗名叫"宽场红外线探测器"的人造卫星。按计划这个重 255 千克的探测器将用 30 厘米口径的红外线望远镜研究星系的形成和演变过程。该望远镜是一台非常灵敏的仪器，需要一个使用固态氢的低温冷却系统。固态氢升华才能

天文探测器

使它保持 –267℃（近似绝对零度）的低温。原先设计为只要该望远镜对准太空深处，装有固态氢的低温冷却系统就能够持续工作 4 个月。但是当控制人员向它发出一个指令导致卫星发生错误动作，固态氢提前升华，而且升华速度非常快，形成了一股气流，使卫星以每分钟 60 转的速率开始自旋，最后失灵。

二是高能燃料。物理学家指出，金属氢还可能是一种高温高能燃料。现在科学家正在研究一种"固态氢"的宇宙飞船。固态氢既作为飞船的结构材料，又作为飞船的动力燃料。在飞行期间，飞船上所有的非重要零件都可以转化成能源而"消耗掉"。这样飞船在宇宙中的飞行时间就能更长。

三是高能炸药。氢是一种极其易燃的气体，被压成固态时，它的爆炸威力相当于最厉害的炸药的 50 倍。目前还没有人在实验室里制成过这种固态氢，但它却一直是军事研究的目标。

那么固体氢在什么条件下会变成金属呢？在很高的压力下，分子固体氢可能成为金属态。

我们知道固体氢转化成金属氢的条件，大多数人都会好奇，为什么有人会想起把氢变成金属呢？其中确实发生了一些有趣的故事。

1989 年 5 月，美国华盛顿卡内基研究所的毛何匡和鲁塞尔·赫姆利宣布，他们用 250 万个标准大气压，把氢气压成了固体氢。这种氢不仅密度高（0.562 ~ 0.8 克／立方厘米），而且具有金属导电性，是一种储能密度极高的能源材料。

氢在常温下本是一种不导电的气体，卡内基研究所怎么会想到要

宇宙飞船

研究能导电的金属氢呢？原来，他们认定，在化学元素周期表中，氢和锂、钠、钾、铷、铯、钫都是同属ⅠA族元素，但除氢外，其他成员都是金属，因此气态氢有可能在高压下变成导电的金属氢。一是氢和锂、钠、钾等元素是同族元素，有"亲缘"关系；二是从金属的特性分析，氢有可能压成金属氢。

根据这种分析，毛何匡和赫姆利开始了实验。他们取来纯度很高的氢气，放在一个能承受极高压力的金刚石之间的密闭装置内，在−196℃的低温下逐渐加压到250万个大气压。结果发现气态氢从透明状态逐渐变成了褐色，最后变成有光泽的不透明固体，导电性也发生了变化，由绝缘逐渐变成半导体，进而变成为导电体。于是他们于1989年5月初在美国地球物理协会上报告了这项实验成果。

但两年后有人对这一结果表示怀疑。美国科内尔大学的阿瑟·劳夫和克雷格·范德博格认为，毛何匡的实验容器内含有红宝石粉末，红宝石的主要成分是氧化铝。劳夫和范德博格认为，可能是氧化铝和氢气在高压下形成铝金属，而不是真正的金属氢。

而且，毛何匡以后也没有再报道过研究金属氢的进展情况。

可见，制造金属氢的难度有多大，人们估计，有可能需要几代人的努力才能取得突破性进展。目前，美国、俄罗斯和日本等国都宣布过用高压技术观察到了金属氢的现象，但在压力卸除后金属氢又变成了普通的氢气。因此，尽管金属氢对人们有巨大的吸引力，但在常压下要得到稳定的金属氢，还要攻克许多难关。

不过，持乐观态度的科学家认为，这些问题总有一天会解决，因为石墨在高温、高压下变成金刚石后，就能在常温下长期稳定存在。因此，尽管

红宝石

贴士

　　金刚石和石墨的化学成分都是碳（C），称"同素异形体"。从这种称呼可以知道它们具有相同的"质"，但"形"或"性"却不同，且有天壤之别，金刚石是目前最硬的物质，而石墨却是最软的物质之一。

困难重重，科学家们仍以坚忍不拔的毅力在从事金属氢的研究工作中。

　　毛何匡和赫姆利还认为，研究金属氢有两方面的意义：一是金属氢有希望成为高温超导体，还能做核聚变的燃料，即高能量密度而无污染的能源；二是金属氢的研究还有助于解决理论物理和天体物理中存在的一些长期未能解决的问题，例如天文学家在观察太阳系的土星、木星、天王星和海王星这些天体时，发现有金属氢核心，他们非常希望知道，在多高的压力和温度下氢会变成金属氢。

　　一旦金属氢问世，就如同以前蒸汽机的诞生一样，将会引起整个科学技术领域的一场划时代的革命。

　　作为亚稳态物质金属氢可以做成"磁笼"，用来约束等离子体，把炽热的电离气体"盛装"起来，这样，受控核聚变反应使原子核能转变成了电能，而这种电能既清洁又省成本，能帮助人类解决能源问题。人类在地球上就会很方便地建造起一座座"模仿太阳的工厂"。

　　金属氢在超导技术上的应用，将甩掉背负在超导技术"身上"的低温"包袱"，因为金属氢是一种室温超导体。超导材料是没有电阻的优良导体，但现在已研制成功的超导材料的超导转变温度多在 $-250℃$ 左右，这样的低温工作条件，严重地限制了超导体的应用。金属氢是理想的室温超导体，因此可以充分显示它的魅力。

　　用金属氢输电，可以取消大型

蒸汽机

的变电站而它的输电效率能保持在99%以上，可使全世界的发电量增加1/4以上。如果用金属氢制造发电机，其重量不到普通发电机重量的10%，而输出功率可以提高几十倍甚至上百倍。

金属氢还具有重大的军用价值。现在的火箭是用液氢作燃料，因此必须把火箭做成一个很大的热水瓶似的容器，以便确保低温。如果使用了金属氢，就可以制造更小而又十分灵巧的火箭。金属氢应用于航空技术，就可以极大地增大时速，甚至可以超过音速许多倍。由于相同质量的金属氢的体积只是液态氢的1/7，因此，由它组成的燃料电池，可以很容易地应用于汽车，那时，城市就会变得非常清洁、安静。

金属氢内储藏着巨大的能量，比普通 TNT 炸药大 30 倍～40 倍。因此，金属氢聚变时释放的能量要比铀核裂变大好多倍。伴随着金属氢的诞生必将会产生比氢弹威力大好多倍的新式武器。

从 20 世纪 40 年代，中国、朝鲜等国就开始花费大量的人力、物力和财力来研制金属氢。而如今，世界上有 100 多个高压实验室。我国已研制

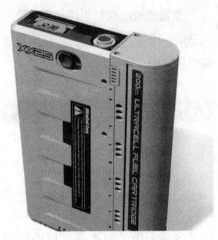

燃料电池

成功了能产生 100 万个标准大气压的压力机。我国研制的"分离球体式多级多活塞组合装置"，已经能成功地产生 200 万个标准大气压。目前，以中国为代表的几个国家宣布：成功实现了实验室内研制金属氢。这是我们在金属氢的研究道路上获得的巨大成功。但是要使金属氢大规模投入工业生产，仍然有很大的困难。但已有力地推动和促进了超高压技术、超低温技术、超导技术、空间技术、激光以及原子能等 20 多门科学技术向着新的深度发展。

从理论上来看，在超高压下得到金属氢是确实可能的。不过，要得到金属氢样品，还有待科学家们进一步研究。

金属氢的出现是当代超高压技术创造的一个奇迹，也是目前高压物理研究领域中一项非常活跃的课题。

六 氢的实验室制备

1. 制备方法

贝开托夫通过实验，根据金属和金属离子间互相置换能力的大小，以及金属与酸、与水等反应的剧烈程度，首先确定了金属活动性顺序，当然氢也包括在该顺序内。因为氢可以被位于它前面的金属从稀酸里置换出来，也可以把位于氢后面的金属从相应盐溶液中置换而来，而氢后面的金属不能被置换出氢。因此，贝开托夫当时区分金属的活泼与不活泼，是以氢作为标准的。

当然，早期的化学家这种衡量金属活动性大小的标准是不严格的。准确的方法应该是以金属的标准电极、电势来比较金属活动性的大小，而标准电极、电势也是以氢电极定为零作为标准的。标准电极电势为负值的金属比氢活泼；标准电极电势为正值的金属活动性小于氢。

（1）用锌与稀硫酸的反应制氢

在实验室常采用金属锌粒与稀

启普发生器

硫酸的化学反应作用制取氢气，并生成硫酸锌。

但这样制取的氢气不纯，含有杂质气。

（2）用镁或铁与盐酸的反应制氢

在实验室里，可用镁或铁与盐酸的化学作用制取氢气。除生成氢气外，同时各生成另一种物质（氯化镁，氯化亚铁）。

2. 实验装置

由于氢气难溶于水，可用排水法收集；又因为它比空气轻，也可以采用容器口朝下排空气法收集。

实验室里制取氢气的装置常用启普发生器，它是由球形漏斗，容器和导气管组成。用启普发生器制氢，可随时使反应发生，也可以随时使反应停止，使用很方便。

最初使用时，把锌粒由容器上

的口，加入启普发生器。在球形漏斗中注满稀硫酸。球形漏斗和容器之间是磨口玻璃密封。拧紧导气管，然后打开导气管的阀门，气体排出，容器中稀硫酸液面上升至接触锌粒，产生氢气。可以进行各种氢的实验，不用时，关闭导气管的阀门；当继续产生的氢气压力变大时，将容器中的稀硫酸压回球形漏斗，锌粒与稀硫酸分开，不再生成氢气。

凡块状固体与液体反应制取难溶于水的气体，而反应不需加热也不放出大量热的，都可以采用启普发生器。

但是需要注意的是，凡是做有关氢气的实验，都要加强室内排风，防止泄漏的氢气与空气组成爆炸混合物。

启普发生器

七　氢的应用及展望

二战时候，氢已经用做火箭 A-2 发动机的推进剂。1960 年，液氢才开始正式用做航天动力燃料。1970 年，用液氢作火箭的起飞助推燃料，将美国发射的"阿波罗"登月飞船成功地送入了太空。在科技发达的今天，已经实现了用氢做火箭的常用燃料，尤其是拿如今的航天飞机来说，没有比减轻燃料自重、增加有效载荷更为重要的了。氢具有很高的能量密度，普通汽油仅仅能达到氢的 1/3，也就是说，用氢做航天飞机的燃料，燃料的自重可减轻 2/3，这对航天飞机无疑是极为有利的。而如今航天飞机发动机的推进剂都是氢，只以纯氧作为氧化剂，液氢就装在外部推进剂桶内，每次发射需用 1450 立方米，重约 100 吨。

科学家们正在逐步探索如何研制"固态氢"的宇宙飞船。固态氢既作为飞船的结构材料，又作为飞船的动力燃料。这样在飞行过程中，

贴士

启普发生器是一种气体发生器，又称启氏气体发生器或氢气发生器。它常被用于固体颗粒和液体反应的实验中以制取气体。典型的实验就是利用稀盐酸和锌粒制取氢气。

"阿波罗"登月飞船

就实现了飞船上的非重要零件转化为能源，进而也能使飞船在宇宙中进行更长时间飞行。

多年来一直进行着以氢作超音速飞机和远程洲际客机的动力燃料，如今还处于样机和试飞阶段。许多发达国家已推出了用氢作燃料的示范汽车，用于交通运输，比如美国、日本、德国、法国。其中美、德、法等国是采用氢化金属储氢，而日本则采用液氢。事实证明，汽车以氢作燃料，无论从经济性方面来说还是从适应性和安全性方面来看，都具有非常可观的前景，但目前仍存在储氢密度小和成本高两大障碍。在氢作为汽车能源方面，美、加两国已实现了联手，首先打算实现铁路机车用液氢作燃料，研究成功后，

你将会看到，以液氢和液氧为燃料的机车狂奔在从加拿大西部到东部的大陆铁路上。

成为优质燃料的氢，还是石油、化工、化肥和冶金工业中的重要原料和物料。石油和其他化石燃料的精炼需要氢，如烃的增氢、煤的气化、重油的精炼等；化工中制氨、制甲醇也需要氢。另外氢还是用来还原铁矿石的优质原料。用氢做燃料电池可实现直接发电。采用氢气－蒸汽联合循环发电，大大提高了能量的转换效率，与曾经的火电厂的能源转换效率相比，已经不可同日而语。当下随着科技的迅猛发展，制氢技术和储氢手段将会进一步的完善，氢能在已经到来的 21 世纪的能源舞台上将会大显身手。

火力发电厂

第二节　GAOXIAO WU WURAN DE NENGYUAN——QINGNENG
高效无污染的能源——氢能

目前，使用较多的能源是石油和天然气，然而这两种能源都具有不可再生性，毋庸置疑，随着化石燃料耗量的日益增加，在未来的某一天，石油和天然气将会被消耗殆尽。这就迫切需要寻找一种不依赖化石燃料、储量丰富的新能源。氢能就是这种能源之一。

一　了解氢能

氢具有高挥发性、高能量，是能源载体和燃料，同时氢在工业生产中也有广泛应用。现在工业每年用氢量为 5500×10^8 立方米，氢气与其他物质一起用来制造氨水和化肥，同时也应用到汽油精炼工艺、玻璃磨光、黄金焊接、气象气球探测及食品工业中。液态氢可以作为火箭燃料，因为氢的液化温度在 −253℃。

氢能作为一种相当优质的新能源。其主要优点在于燃烧热值高，无污染。每千克氢燃烧后所产生的热量，相当于汽油的3倍、酒精的3.9倍、焦炭的4.5倍。氢能作为燃料燃烧的产物是水，是不可或缺的生命

元素。另外，氢气可以通过电解水来制取，水作为地球上最为丰富的资源，正在或者即将演绎着自然界中物质循环利用和人类社会可持续发展的传奇。

我们经常提到的一次能源，主要是指直接从自然界取得，没有经过加工转换的一系列的能量和资源，它包括：原煤、原油、天然气、油

风力发电站

页岩、核能、太阳能、水力、风力、波浪能、潮汐能、地热、生物质能和海洋温差能等。再生能源和非再生能源是由一次能源进一步分类而得来的。再生能源包括太阳能、水力、风力、生物质能、波浪能、潮汐能、海洋温差能等，它们在自然界可以循环再生。而非再生能源包括：煤、原油、天然气、油页岩、核能等，它们是不能再生的。

由一次能源经过加工转换以后得到的能源产品，称为二次能源，二次能源是联系一次能源和能源用户的中间纽带。例如，电力、蒸汽、煤气、汽油、柴油、重油、液化石油气、酒精、沼气、氢气和焦炭等。二次能源还可进一步细分为两类，即"过程性能源"和"合能体能源"。应用最广的"过程性能源"当属电能；应用最广的"合能体能源"当属柴油、汽油。过程性能源和合能体能源两者不能互相替代，因为其应用范围各不相同。各种一次能源例如，煤炭、石油、天然气、太阳能、风能、水力、潮汐能、地热能、核燃料等均可直接生产电能。作为最典型的二次能源的汽油和柴油的产生就得完全依靠化石燃料了。化石燃料的储量有

限，但是人们对于化石燃料的消耗却日益增加，供需出现严重的矛盾，化石燃料的枯竭早晚会到来，我们人类就更加迫切地寻找一种既可以取代化石燃料的，其储量又比较丰富的新能源，氢能正是这样一种理想的新能源。

化石燃料煤炭

氢如同汽油和天然气一样，易燃性强，空气环境下含量达到4%～96%均可燃，所以可用作燃料。氢气加氧气在火花点燃后产生热量。而其燃烧后的残留生成物仅仅是纯水，所以氢被誉为是零排放燃料。其燃烧生成的水可进行收集或直接以水汽形式排入大气。燃烧生成的水与制氢所消耗的水量完全一样。所以从这个角度而言，氢是取之不尽，用之不竭的。

当前各国制定的节能减排的时间表正在对各国形成一种很大的压力，这就要求人类必须加快开发利用新

很久以前，就有许多术士致力于研究电的现象，可是，所得到的结果少之又少。直到十七、十八世纪，才出现了一些在科学方面重要的发展和突破。等到十九世纪末期，由于电机工程学的进步，才把电带进了工业和家庭里面。

能源。在新能源的开发应用中氢气扮演者重要角色，终有一天，人类将不再依赖石燃料，而氢能也会像电、燃料、燃气一样走入寻常百姓家。

氢属于二次能源，虽说取之不尽、用之不竭，但是地球上单质氢含量甚少，只能依靠其他能源进行转化。从制氢的过程来看，采用电解水来制氢时，制氢产生的副产品仅是氧气；而用天然气、石油或煤制氢，不可避免地会产生二氧化碳等温室气体。因此，使用氢能作为燃料仅能解决整个环保问题的一半。其实从氢的制取到使用，氢扮演着能量载体的角色，如果依靠技术的进步，在制氢过程中能完全解决污染问题的话，那么整个氢能的利用过程就成为真正意义上的零污染过程。

氢能的优点

氢能是人类永恒的能源，也是人类理想的能源。那么为什么氢将是人类未来的永恒的能源？概括地说，氢能具备成为永恒的能源的特点，而这是其他能源所没有的。

氢的资源丰富。在地球上的氢主要以其化合物如水（H_2O）、甲烷（CH_4），氨（NH_3），烃类（CnHm）等的形式存在。而水是地球的主要资源，地球表面的70%以上被水覆盖；即使在大陆，也有丰富的地表水和地下水。水就是地球上无处不在的"氢矿"。

一是氢的来源多样性。可以通过各种一次能源（可以是化石燃料，如天然气、煤、煤层气），也可以通过可再生能源（如太阳能、风能、

氢气的来源——水

生物质能、海洋能、地热能或者二次能源如电力）来开采"氢矿"。地球各处都有可再生能源，而不像化石燃料有很强的地域性。此外，氢不但存在于水中，在工业副产品中也含有丰富的氢。据统计，我国在合成氨工业中氢的年回收量可达14亿立方米；在氯碱工业中有0.87亿立方米的氢可供回收利用。另外，在冶金工业、发酵制酒厂及丁醇溶剂厂等生产过程中都有大量氢可回收。上述各类工业副产氢的可回收总量估计可达15亿立方米以上。由此看来，氢能是用之不竭的，完全可以满足人类对能源的需求。

二是氢能的环保性。利用低温燃料电池，由电化学反应将氢转化为电能和水。不排放二氧化碳（CO_2）和氮氧化物（NOx），没有任何污染。使用氢燃料内燃机，也是显著减少污染的有效方法。

三是氢气的可储存性。就像天然气一样，氢可以很容易地大规模储存。这是氢能和电、热最大的不同。可再生能源的时空不稳定性，可以用氢的形式来弥补，即将可再生能源制成氢储存起来。

四是氢的可再生性。氢由化学

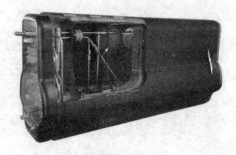

氢的储存

反应发出电能（或热）并生成水，而水又可由电解转化为氢和氧；如此循环，永无止境。也就是说，地球上不但存在储量丰富的水，而且氢在燃烧的过程中又能够生成水，因而，水可以再生。就这样循环下去，氢能的资源可以说是用之不尽，取之不竭。并且这种循环完全符合大自然的循环规律，不会破坏大自然的"生态平衡"。

五是氢的"和平"性。因为它既可再生又来源广泛，每个国家都有丰富的"氢矿"。化石能源分布极不均匀，常常引起激烈抗争。例如，中东是世界石油最大产地，也是各国列强必争之地。从历史上看，为了中东石油已发生过多次战争。

六是氢能的安全性。每种能源载体都有其物理、化学、技术性的特有的安全问题，氢在空气中的扩散能力很大，因此氢泄漏或燃烧时就很快的垂直上升到空气中并扩散。因为氢本身不具（放射）毒性及放射性，所以不可能有长期的未知范围的后继伤害。氢也不会产生温室效应。现在已经有整套的氢安全传感设备。

目前用管道、油船、火车以及卡车运输气态或液态氢；用高压瓶或高压容器以氢化金属或液氢的形式储氢以及氢的填充和释放都处于工业化阶段。目前，在德国的慕尼黑一个机器人液体氢加氢站已经开始运行，在德国的汉堡也在运行着一个气氢加氢站。以德国为例，1922年，世界上第一座汽油加油站在德国向公众开放；自 20 世纪 60 年代以来，建起了约 1.6 万座加油站，这可能已达到饱和。世界上第一座氢气加氢站也建在德国。1999 年，前面提到的两个最早的氢加氢站向公众开放，预计完全由氢支持的路面

油船

运输系统，可望在 2030 年左右实现。

此外，核聚变的原料是氢同位素。从长远看，人类的能源将来自核聚变和可再生能源，而它们都与氢密不可分。

由于氢具有以上特点，所以氢能可以永远，无限期地同时满足资源、环境和可持续发展的要求，成为人类永恒的能源，又因为它是高效率无污染的能源，因此，氢能也是人类的理想能源。

三 国外氢能研究概况

氢能将成为解救人类所面临的能源危机的守护神，相对应的，氢于是成为各国大力研究的对象，据美国能源部新能源开发中心调查，过去的 5 年，全世界工业化国家在氢能开发方面的投入年均递增 20.5%。美国一直重视氢能，2002 年，美国推出了"美国氢能路线图"。在 2003 年，美国政府投资 17×10^8 美元，提出了氢能工业化生产技术、氢能存储技术、氢能应用等重点开发项目，正式开始了氢燃料大开发计划。在 2004 年 2 月，美国能源部公布了"氢能技术研究、开发与示范行动计划"。该项计划详细地阐

述了美国发展氢经济的步伐以及向氢经济过渡的进程表，该计划的出台是美国推动氢经济发展的又一重大战略措施，预示着美国发展氢经济已从前期的政策评估、制定阶段，进入到了系统化实施阶段。2004年5月，美国建立了第一座氢气站，加利福尼亚州的一个固定制氢发电装置"家庭能量站第三代"开始试用，这个装置用天然气制造氢气来维持燃料电池，第三代比第二代的重量轻了30%，发电量却提高了25%，同时氢气的制造和储存能力提高了50%。2005年7月，世界上第一批生产氢能燃料电池汽车的公司之一戴姆勒—克莱斯勒公司研制的"第五代新电池车"成功横跨美国，刷新了燃料电池车在公路上行驶的纪录，该车以氢气为动力，全程行驶距离5245千米，最高时速145千米。

欧盟也加紧对氢能的开发利用。在2002—2006年欧盟第六框架研究计划中，对氢能和燃料电池研究的投资为$2500×10^4$～$3000×10^4$欧元，比上一个框架计划提高了1倍。北欧五国2005年成立了"北欧能源研究机构"，通过生物制氢系统分析，提高生物生产氢能力。2005年7月，德国宝马汽车公司推出了一款新型氢燃料汽车，充分利用了氢不会造成空气污染和可产生强大动力的两大优点，时速最高可达226千米，行驶极限可达400千米。

日本对氢能的研究在世界范围内算是比较早的，目前来看日本氢能的主要发展方向是燃料电池。早

氢燃料汽车

克莱斯勒是美国著名的汽车公司，同时也是美国三大汽车公司之一，创建于1912年。曾经两度濒于破产，多亏美国政府的干预，克莱斯勒公司才得以生存下来。该公司创始人为沃尔特·克莱斯勒，1875年出生于美国衣阿华州一个铁路技师的家庭。

在 2005 年秋季，爱知世博会在日本闭幕，8 辆燃料电池公共汽车运行在会场之外，供会场工作使用，日本人向世人展示了燃料电池的使用前景。日本政府在全国各地建造了很多"加氢站"，主要是为了促进氢能实用化和普及氢能，使汽车燃料供给没有后顾之忧，成百辆的燃料电池车已经运行在日本的各条马路上，计划到 2030 年，发展到 1500×10^4 辆。2005 年，日本经济产业省的"新能源大奖"授予了一幢建筑物：节能大厦。燃料电池成为大厦能源的供应源，整个大厦从建设到使用，采用的都是热电互换和节能材料等新能源。

目前为止，日本已经拥有比较成熟的燃料电池开发技术和氢的制造、运输、储藏技术。

加拿大计划将燃料电池电动汽车技术发展成国家的支柱产业。近年来，加拿大对氢能的研究与开发投入不断增加，2002 年为 2.76×10^8 美元，2003 年增至 2.90×10^8 美元；加拿大氢能业的营业额从 2002 年的 1.34×10^8 美元增至 2003 年的 1.88×10^8 美元；2003 年加拿大在氢能领域拥有的专利达 581 项，比

2002 年增加 34%。加拿大氢能公司示范推广的氢能项目从 2002 年的 79 项增至 2003 年的 262 项。2004 年的报告显示，在过去的 5 年里，加拿大的氢能公司数目增加了一倍。加拿大在氢能源技术利用方面，提出了多项开发计划。如"氢能村计划"，由政府和私营企业在多伦多地区建立氢能村，部署和示范不同的氢设施技术。"温哥华燃料电池车计划"，加拿大联合福特汽车公司在不列颠哥伦比亚地区测试燃料电池汽车的性能。此外，正在酝酿中的计划有"氢能走廊"，即在温莎与蒙特利尔之间的 900 千米高速路设置加氢站，以氢能技术装备的"氢能"机场，使蒙特利尔机场内部各式交通车辆氢能化。2004 年加拿大总理宣布，联邦政府将为"氢公路项目"提供资助。

加氢站

如今重视开发氢能源已经不是发达国家的专利，许多发展中国家也非常重视。其中以色列便取得了令发达国家瞩目的成绩，该国的科研人员研究开发了一种能使氢能更容易储存和运输及使用的先进设备，能根据需要生产氢。印度研制成功一种通过金属氢化物驱动的清洁摩托车，虽然使用成本较高，但氢燃料的成本很低，再加上金属氢化物储能罐的使用寿命很长，从长远来看这种摩托车是种非常经济的交通工具。值得庆贺的是，在氢能利用的其他方面，发展中国家也取得了显著进步，如：以氢能为燃料的烹饪炉、发电机组和氢照明灯等。

总之，世界各国都在加快氢能的研究、开发和利用的步伐。对比我国而言，国外氢能的发展已产生了"氢能经济"的新经济模式理念。如美国十分重视氢能的利用开发技术，尽管目前还是示范期，但其已经具备很成熟的氢能研究技术。根据专家推算，美国氢能的商业化运作有望在2015年之前实现，比如美国的燃料电池汽车的推广，氢能生产及加氢基础设施的建设。根据美国氢能战略计划路线图，美国到

2040年时，将开始步入"氢能经济"时代。到时候，氢能将成为市场上使用最广泛的终端能源，而石化能源将被淘汰掉，甚至已经没有石化能源了。

四 氢能在中国

在我国制定的中长期科学技术发展战略规划中，氢能的开发与利用成为重点的研究目标之一，据此，国家各个相关科研院所以及社会工业企业也纷纷地投入其中。时至今天，我国在氢能领域的研究成果并没有落后于西方发达国家，也取得了累累硕果，而且很有可能在不久的将来，我国在氢能研发应用领域的成果将会超越西方各国。到目前为止，由于我国有巨大的能源市场需求，也已经被国际社会公认为中国可能率先实现氢燃料电池和氢能汽车产业化的国家。

在20世纪60年代初期时，我国已经开始了对氢能的研究与开发利用，为了我国的航天事业能顺利发展，赶超世界先进国家，我国的科学家们进行了大量的卓有成效地工作，首要的研究领域主要集中在

我国氢燃料汽车

火箭燃料液氢的生产和氢气、氧气燃料电池的研发应用。进入20世纪70年代后，便一直将氢单独作为一种能源载体及新的能源不断地进行开发利用。到目前为止，为了能够进一步开发利用氢能，推动氢能利用不断往纵深方向发展，我国已经将氢能技术列入《科技发展"十五"计划和2015年远景规划（能源领域）》中。

目前，国内已有数十家院校和科研单位在氢能领域研发新技术，数百家企业参与配套或生产。随着中国经济的快速发展，汽车工业已经成为中国的支柱产业之一。2007年中国已成为世界第三大汽车生产国和第二大汽车市场。与此同时，汽车燃油消耗也达到8000万吨，约占中国石油总需求量的1/4。在能源供应日益紧张的今天，很显然，发展新能源汽车已迫在眉睫。用氢能作为汽车的燃料无疑是我们最佳的选择。

经过多年的努力，我国已在氢能领域取得诸多成果，特别是通过实施"863"计划，我国自主开发了大功率氢燃料电池，开始用于车用发动机和移动发电站。2006年10月，由江苏镇江江奎科技有限公司、清华大学以及奇瑞汽车三方自主研发的"示范性氢燃料轿车研制项目"通过国家级专家组评审，标志着我国第一台具有完全自主知识产权的以氢燃料为动力的汽车研制成功，我国氢动力技术已达国际领先水平。

贴士
1986年3月，四位老科学家向中共中央递交一份发展建议，引起邓小平同志的高度重视并很快做出批示，最终，中共中央、国务院批准了《高技术研究发展计划纲要》。由于计划的提出与邓小平同志的批示都是在1986年3月进行的，因此此计划被称为"863计划"。

水电站

氢燃料电池技术，一直被认为是利用氢能，解决未来人类能源危机的终极方案。上海一直是中国氢燃料电池研发和应用的重要基地，上海汽车、上海神力和同济大学等企业及高校也一直从事研发氢燃料电池和氢能车辆。上海作为我国氢能产业最领先的地区，2007年11月建成中国第一个汽车氢气充装站。

从目前我国的能源利用现状来看，要想对氢能的利用进行大规模推广，首先需要解决的是氢的来源问题，这同样是困扰着世界各国的问题。而令我们庆幸的是，我国南部和西南地区受地形、地势的影响，水流落差较大，有着丰富的水资源总量，因此水电发达，由此使得用大量剩余电力，在河流的丰水期进行电解水制取氢成为可能。当然，

氢的来源也不止电解水一种途径，从石油、天然气和煤等化石燃料中同样可以制取氢，甲醇、烃类等通用燃料的转化也可制取氢。除此之外，通过细菌制氢、发酵制氢及沼气回收制氢等生物途径，实现生物能转化为氢能。像硼氢化钠等传统的工业矿物以及再加上一些工业副产氢，也成为制取氢的有效途径之一。

结合我国资源特点与实际情况，许多专家从客观角度出发，进行具体问题具体分析，并且提出了一系列氢的制取方案，主要分为中短期方案和中长期方案。在中短期内，应当利用我国现有的石油资源和化工技术进行工业制氢，着力重点发展天然气与氢气混合的富氢技术，洁净煤与可再生能源制氢技术也在中短期方案内；从中长期看，首先要把洁净煤制氢技术和可再生能源制氢技术实现产业化与规模化，一些具体的基础设施和示范项目的建设也要同步跟上，最好提前进行与氢相关的基础设施建设，其中主要是氢能管道网、储存设施、加氢站等设施的建设，为"氢经济时代"的到来打下坚实的基础。

我国每年要生产大量的焦炭，焦炭消耗量占世界首位，消耗焦炭所产生的焦炉气被大量的浪费。鉴于此，有专家建议，焦炉气制氢有望成为氢能源开发的新途径。与其他炉气相比焦炉气的氢含量比例可达55%，利用变压吸附法高效分离焦炉气中的氢，制氢成本经济可行，从成本上来说只相当于电解水制氢的 1/4～1/3。另外大量的碳氢化合物存在于焦炉气中，重整技术的运用可以将该碳氢化合物转化为氢气。目前而言，利用焦炉气制氢这一新发现已经引起了能源企业界浓厚的兴趣。因此，在即将到来的清洁能源时代，焦炉气有望成为我国未来重要的氢气供应源。我们要对未来我国氢能源的开发与利用技术充满自信，属于氢能源的时代即将到来！

（五）　风光无限——氢能的未来

目前，世界上的一次性能源中有40%都来源于石油。而据科学预测，到21世纪中期，人类就将面临严重的石油危机。面对这种情况，我们都会思考一个问题，即用完了石油和煤，接下来我们应该烧什么？这不但是老百姓关心的问题，更是科学家们普遍关注的一个大问题。

19世纪以前，世界的科学技术水平都很落后，这一时期可以说是石油和煤的固体燃料时代。进入20世纪后，科学技术迅猛发展。一方面，科学技术的发展使得地下挖掘技术发达起来，煤和石油更容易开采了，尤其是大型油井的挖掘技术已十分成熟；另一方面，新的交通工具和大型工厂的出现，使得人类对石油的需求量也增多起来。这两方面相辅相成，相互促进，使得人类对石油的开采量越来越大，石油的产量越来越高，此时人类进入了液体燃料时代。然而，煤和石油都必须在地下经历亿万年的积累才能获得，而且必将有消耗殆尽的时候。因此，有科学家指出，21世纪将是燃气时代，也就是天然气的燃气时代。21世纪前半期，人类将以天然气为主要能源。一方面，天然气资源暂时还比较丰富；另一方面，天然气也比煤和石油环保。天然气是最干净的化石燃料，对同一发热体，二氧化碳的排出量仅为石油的70%，而且其储藏量也相当大。纵然天然气有诸如此类的优点，但是

石油开采

与氢气相比，天然气的环保效果就逊色得多了。纯净的氢气不仅发热量高而且集中，而且不会产生有毒废气，不产生导致温室效应的二氧化碳，燃烧后对环境更是没有任何的污染。此外，氢气是可再生的燃气资源，来源广泛，它可以通过分解水来获得，它的产物又是水，并且应用范围广。所以，氢能是人类永恒的能源。

因此，随着环保意识的增强，化石资源的枯竭以及氢能制备与储存技术研究的不断进步，燃料电池技术即将进入大规模产业化阶段。

要让燃料电池为动力的车辆进入寻常百姓家，最先要实现的是氢能广泛替代传统化石燃料，广泛实现氢能源普及的道路还很漫长。"氢—电"系统产业化要想实现，需要解决氢经济实用性相关的一系列问题，比如说：如何在制氢和储氢过程中降低成本，如何将燃料电池的造价降到最低等。因此，像加氢站及氢能配送系统等供氢的基础设施建设，不可能在短时间内就能实现的。到2006年为止，世界上已经建设完成140多座加氢站，北美新建加氢站数量在全球中算是最多的，发展速度较快。虽然暂时与加油站相比，这只是九牛一毛。但是，随着科学技术的进步，氢能经济会日益壮大。据专家预测，2011年燃料电池的市场为300亿美元左右，制氢的费用也将逐年下降。从长远看，氢—核电系统必将有广阔的应用前景。有关专家估计，从2020年开始，将在天然气中加入15%的氢，到21世纪后期，人类将慢慢过渡到使用纯净氢气的时代。我们对"氢能时代"的到来充满信心。

被污染的海滩

氢能是一种极为优越的新能源，在 21 世纪的世界能源舞台上，氢能必将发挥着举足轻重的作用。它就像能源市场上的那一缕阳光，将照亮世间的每一个角落，温暖我们每个人的生活。我们充满信心，我们拭目以待，未来的氢能市场定会绚丽多彩，光芒四射，让我们一起期待并领略氢能的无限魅力。

未来氢能社会将有以下特点：

第一，化石能源（石油、煤炭、天然气）全部封存，留作化工原料，造福子孙，用氢气代替化石燃料。停止了煤炭开采，也就停止了对地壳的破坏，如此便少了许多的塌方事故与山地滑坡；没有了石油运输，也就没有了巨型油轮的长途运送，没有了石油的泄漏，海滩的污染，海鸟的哭泣便会消失。

第二，取消远距离高压输电，取消跨省市地区的大电网，代以远近距离管道输氢，通过管道网，送氢气至千家万户。用一根管道代替了密密麻麻的管线，不仅建筑施工方便，经营方便，而且便于检查维修，消除了许多安全隐患，"一气多用，方便万家"。

第三，各种类型空气—氢燃料电池成为普遍采用的发电工具。普通电池里装的是活性物质，一发电就消耗活性物质，当活性物质用完，电池就不放电了，不能再用；经常会有汞、镉等物质污染水源及土壤，危害自然环境及动植物生长；回收再利用不便。而氢燃料电池的活性物质在电池的外面，其工作时间取决于携带氢气的多少，只要有足够的氢气和空气供给，就会不断发电，不仅使用起来清洁，不会产生污染物质，而且可多次使用，符合绿色环保观念。

第四，取缔内燃机动力，汽车、火车改用空气—氢燃料电池启动的电力机车。它利用氢和氧化学反应，所产生的只是电、热和水蒸气，唯一的副产品就是水，真正达到排放零污染。水又是制氢的原料，整个过程是循环和清洁的。燃料电池车工作过程不涉及燃烧，无机械损耗，比蒸汽机、内燃机等能量转换效率高得多。丰田等汽车公司实验得出结论，汽油车效率从油箱到车轮为 16%，而氢燃料电池车为 60%，效率提高近 4 倍。

另外，燃料电池车很少需要维修，因为氢气里没有腐蚀性的杂质，

汽车内燃机

也没有碳阻塞燃烧室,因此没必要花很多时间去修理厂保养和维修。此外,它没有传统的发动机、变速箱和机械传动装置,只是在底盘上安装了由氢燃料罐和电池组成的新型驱动装置,采用控制技术,4 台电机分别由计算机控制,驱动连接4 个车轮。装有卫星定位系统的车,可以很方便地驾驶,车可以做各方向的运动,甚至在泊车时,可以像螃蟹一样横行,只要很小的地方就

能自如停放,可谓时代绿色概念车。

第五,消灭了一切能源污染隐患和内燃机车噪声源。经过改进的氢制取方式,将抛弃有污染的生产方式,采用生物方式或电解产氢,如此便没有了过程的污染威胁,同时还减少了对其工作人员身体健康的威胁。因为是燃料电池,所以没有了普通的燃烧室,没有了活塞与杠杆的摩擦噪音,一个我们梦寐以求的安静行使的车就诞生了。

第六,每个城市和家庭有能源供应和回收的完善循环系统。一个能量利用的安全及有效的概念,不必要对过程的副产品担心,不必再有抽油烟机、排风扇之类的麻烦,人类利用氢能的过程就是一个只将能量提取出来的过程,是没有有害物质产生的完善系统。

总之,氢能将带给人类一个绿色的天堂。

贴士

　　卫星定位系统即全球定位系统。简单地说,这是一个由覆盖全球的 24 颗卫星组成的卫星系统。这项技术可以用来引导飞机、船舶、车辆以及个人,能安全、准确地沿着选定的路线,准时到达目的地。

第二章

Chapter 2

氢的制取

在人类生存的地球上，虽然氢是最丰富的元素，但自然氢的存在极少，因此必须将含氢物质处理后才能得到氢气。氢能是一种二次能源，要开发利用这种理想的清洁能源，必须首先开发氢源，即研究开发各种制氢的方法。氢能属于二次能源，可以由各种一次能源提供，其中包括矿物燃料、核能、太阳能、水能、风能及海洋能等。

化石能源制氢

氢可由化石燃料制取，也可由再生能源获得，但可再生能源制氢技术目前尚处于初步发展的阶段。目前全球氢产量约为 5 千万吨/年，并且以每年 6%～7% 的速度递增。世界上商业用的氢大约有 96% 是从煤、石油和天然气等化石燃料中制取。

一 天然气制氢

天然气的主要成分是甲烷。天然气制氢的方法主要有：天然气水蒸气重整制氢，天然气部分氧化制氢，天然气水蒸气重整与部分氧化联合制氢，天然气（催化）裂解制氢。

1. 天然气、水蒸气重整制氢

（1）加压蒸汽转化工艺制氢

该法是在有催化剂存在条件下与水蒸气反应转化制得氢气。

在该方法中，一个体积的甲烷可转化成 4 个体积的一氧化碳（CO）、氢气（H_2）混合气，组分中的 CO 还可以进一步变换成一个体积的

天然气

H_2，反应结果为氢多碳少，因此这种转化方法制取氢是高效、经济和理想的。由于反应达到一定的深度就达成平衡，转化过程的平衡决定了最终水蒸气转化气的组成。

天然气中通常含有一定的有机硫，是转化催化剂的毒物，要求进入转化炉的气体中硫和氯含量小于 0.2×10^{-6}。根据天然气含硫的多少来选择脱硫精制方案，并需采用钴钼

加氢转化氧化锌在高温下脱除有机硫，因此天然气首先经转化炉对流段加热后进入脱硫反应器，使总硫脱除至 0.2×10^{-6} 以下，脱硫后的原料气与预热后的蒸汽进入辐射段转化反应器，在镍催化剂条件下反应，转化管外用天然气或回收的变压吸附（PSA）尾气加热，为反应提供所需的热量，转化炉的烟气温度较高，在对流段为回收高位余热，设置有天然气预热器、锅炉给水预热器、工艺气和蒸汽混合预热器等，以降低排气温度，提高转化炉的热效率。转化气组成为 H_2、CO、CO_2、CH_4（甲

脱硫反应器

烷），该气体经过废热锅炉回收热量产生蒸汽，然后进入中温变换炉。在此转化中，大部分的 CO 被变换成 H_2，变换后的气体 H_2 含量可达 75% 以上，该气体进入 PSA 制氢工序进行分离，得到一定要求的纯氢气产品。

（2）换热式蒸汽转化工艺制氢

原料天然气、工艺蒸汽混合气、纯氧气，在一个常规的前置直热式加热炉内进行预热。天然气预热至脱硫温度后，再与蒸汽混合预热后进入换热式反应器，换热反应器实际上是一个管式换热器，其管内填充催化剂。工艺原料气在预热到一定温度后进入罐内，管外由来自二段炉出口的工艺高温气体（温度约 1000℃）加热管内气体到烃类转化温度，并在换热反应器内发生转化反应。换热反应器出口含甲烷约 30% 的气体与氧气进入二段炉，在此，纯氧和氢发生高温放热反应，以提供一、二段所需的全部热量并

贴士

烃，是仅由碳和氢两种元素组成的有机化合物，也称为碳氢化合物，烃的种类非常多，结构已知的烃在 2000 种以上。烃类是所有有机化合物的母体，可以说，所有有机化合物都不过是用其他原子取代烃中某些原子的结果。

继续进行甲烷蒸汽转化反应。二段转化后的转化气经过废热锅炉回收热量并副产蒸汽，再进入变化工序和 PSA 分离氢工序。后工序过程与前述加压蒸汽转化工艺后的工序相似。

转化炉

2. 天然气部分氧化制氢

主要的工艺路线：天然气经过压缩、脱硫后，与蒸汽混合，预热到约 500℃，氧或富氧空气经压缩后也预热到约 500℃。这两股气流分别进入反应器顶的喷嘴，在此充分混合，进入反应器进行部分氧化反应。一部分天然气与氧作用生成 H_2O 及 CO_2，并产生热量供给剩余的烃与水蒸气在反应器中部催化剂层中转化反应所需热量。反应器下部出的转化气温度为 900℃ ~ 1000℃，氢含量 50% ~ 60%。转化气经冷凝水淬冷，再经热量回收并降温，然后送 PSA 装置提取纯氢。

该工艺是利用内热进行烃类蒸汽转化反应，因而能广泛地选择烃类原料并允许较多杂质存在（重油及渣油的转化大都采用部分氧化法），但需要配空分装置或变压吸附制氧装置，投资高于蒸汽转化法。

与天然气蒸汽转化制氢一样，当装置规模小时，存在转化炉等主要设备选型困难及热利用差的问题。

3. 天然气、水蒸气重整与部分氧化联合制氢

天然气水蒸气重整与部分氧化联合制氢反应器的上部是一个燃烧室，用于甲烷的不完全燃烧，同时水蒸气和甲烷重整在下部进行。这个设置最恰当的设计是反应在充分的情况下进行，而且上部燃烧提供给下部热量。燃烧室的工作压力预计高于 12 标准大气压。对于燃烧室，最主要的要求是提高反应气体的混乱度（水蒸气、甲烷、氧气），没有结炭，耐火墙的低温和输出气体有恒定的流量和温度。选择高压和恰当的 H_2O/C 和 H_2/C 比例是抑制结炭的重要环节。反应器底部装有催化剂，用于水蒸气重整反应和水汽

转化反应。自热反应的气体有氧气、水蒸气和甲烷。

一些参数如 H_2O、CH_4 和 O_2、CH_4 是天然气水蒸气重整与部分氧化联合制氢反应过程的关键，对于反应的动力学平衡有着重要的影响。研究表明 H_2O、CH_4 的增加有利于氢气的生成。最佳的 O_2、CH_4 和 H_2O、CH_4，可以得到最多的 H_2 量、最少的 CO 量和碳沉积量。

由甲烷制得的是氢气和一氧化碳的混合气体，选择透氢型膜反应器和致密透氧型膜反应器分离纯氢。

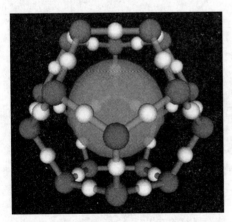

甲烷分子

4. 天然气（催化）裂解制氢

上述三种方法在生成氢气的同时产生大量的 CO，从合成气中去除 CO 不仅使反应复杂化，而且对整个过程的经济性也不利。天然气（催化）裂解制氢技术，其主要优点在于制取高纯氢气的同时，不向大气排放二氧化碳，而是制得更有经济价值、易于储存的固体碳，减轻了温室效应。

首先将天然气和空气按完全燃烧比例混合，同时进入炉内燃烧，使温度逐渐上升，至 1300℃时，停止供给空气，只供应天然气，使之在高温下进行热分解生成炭黑和氢气。由于天然气裂解吸收热量使炉温降至 1000℃ ~ 1200℃时，再通入空气使原料气完全燃烧升高温度后，又再停止供给空气进行炭黑生产，如此往复间歇进行。该反应用于炭黑、颜料与印刷工业已有多年的历史，而反应产生的氢气则用于提供反应所需要的一部分的热量，反应在内衬耐火砖的炉子中进行，常压操作。该方法技术较简单，经济上也还比较合适，但是氢气的成本仍然不低。

二 煤气化制氢

煤气化技术的发展与应用在我国已经有很久的历史了，但受到天然气

> 贴士
>
> 为了减少直接烧煤产生的环境污染，世界各国都十分重视洁净煤技术的开发和应用，我国是烧煤大国，70%以上的能源依靠煤炭，大力发展洁净煤技术具有更加重要的意义。

和石油化工的冲击，煤的气化曾一度趋于停止。近年来，随着洁净煤技术热潮在全球范围的兴起，煤气化技术在国内外的发展也已复苏。

煤的气化是指煤与气化剂在一定温度、压力条件下发生化学反应而转化为煤气的工艺过程，且一般是指煤的完全气化，即煤中的有机质最大限度地转变为有用的气态产品，气化后

煤气化厂

的残留物只是灰烬。

煤气化制氢是先将煤炭气化得到以 H_2 和 CO 为主要成分的气态产品，然后经过净化，CO 变换和分离提纯等处理而获得一定纯度的产品氢。煤气化制氢技术的工艺过程一般包括煤的气化、煤气净化、CO 变换以及 H_2 提纯等主要生产环节。

1. 煤炭地面气化

煤炭气化技术有多种类型。根据气化炉的压力可分为常压气化和加压气化。根据气化热源可分为熔浴气化法、太阳能气化法、电化学气化法和自燃式气化法等。按煤料与气化剂在气化炉内流动过程中的接触方式不同，分为移动床气化、流动床气化、气流床气化以及熔浴床气化等工艺。按原料煤进入气化炉时的粒度不同，分为块煤（13～100毫米）气化、碎煤（0.5～6毫米）气化及煤粉（<0.1毫米）气化等工艺。按气化过程气化剂的种类不同，

分为空气气化、空气／水蒸气气化、富氧空气／水蒸气气化以及氧化／水蒸气气化等工艺。按煤气化后产生的灰渣排出气化炉时的形态不同，分为固态排渣气化、灰熔聚气化及液态排渣气化等工艺。按气化前煤炭是否经过开采而分为地面气化技术（即将煤放在气化炉内气化）和地下气化技术（即让煤直接在地下煤层中气化）等。

煤炭的气化过程包括热解、气化和燃烧三部分。

（1）热解

煤炭热分解是气化过程的第一步。在煤热分解阶段，煤中的有机质随着温度的升高发生一系列变化，煤中的挥发组分逸出，残留下焦炭和半焦炭。在表面水分完全脱除之

煤气燃烧

前，煤的温度是不会升高的。在150℃～180℃时，释放出吸附在煤中的气体，主要是甲烷、二氧化碳和氮气。温度达到200℃以上时，即可发现随着煤的变质程度加深，煤中残存的有机质的稳定性增加，其开始分解的温度也越高。煤在300℃开始软化，在分解的产物中出现烃类和焦油的蒸汽，450℃前后焦油量最多，450℃～600℃气体析出量最多，煤气的成分除热解产生的水、CO 和 CO_2 以外，主要是气态烃，而煤中的灰分几乎全部成为残留物。

（2）气化

在气化炉中，煤炭经历干燥、干馏和气化的过程。

首先是干燥，湿煤（操作原料）进入气化炉后，由于煤与热气流之间的热交换，煤中的水分蒸发。

第二是干馏，当干煤的温度进一步提高，从煤中逸出挥发物。在干馏阶段进行着煤的热分解反应。热分解是所有气化工艺一个共同的基本反应。

第三是气化，反应干馏后得到的焦与气流中的 H_2O、CO_2、H_2 反应，生成可燃性气体。这是非常强烈的吸热反应，需要在高温条件下才能进行。

要注意其中的碳与 H_2 的反应：煤气中的甲烷，一部分来自煤中挥发物质的热分解，另一部分是气化炉内的碳与煤气中的 H_2 反应以及其他气体产物与 Ha_2 反应的结果。这些生成 CH 的反应都是体积缩小的放热反应，常压下的生成速率很低。

还有一个很重要的反应是变换反应：由于煤的气化实质上是煤中碳与氧发生的不完全燃烧反应和与水蒸气发生的气化反应同时进行，因此所得煤气产品中主要成分是 CO 和 H_2，只不过它们在煤气中的含量会因为气化工艺的不同而有所差别。为了提高煤气化制氢的氢产率和纯度，还需对煤气进行 CO 变换和 H_2 的提纯。

该反应称为一氧化碳的变换反应，或称水煤气平衡反应。它是气化阶段生成的 CO 与水蒸气之间的反应，为了制取 H_2，需要利用这一反应。由于该反应易于达到平衡，通常在气化炉煤气出口温度条件下反应达到平衡，因此该反应决定了出口煤气的组成。

（3）燃烧

气化后残留的焦与气化剂中的氧进行燃烧。由于碳与水蒸气、CO_2

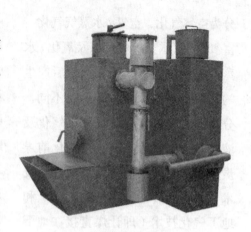

水煤气发生炉

之间的反应都是强烈的吸热反应，因此气化炉内必须经常保持非常高的温度，为了提供必要的热量，通常采取煤的部分燃烧。

煤炭气化后产生的焦炉煤气中氢的含量一般为 50% ~ 60%，CH_4 的含量约为 20%，另外还含有部分 CO、CO_2 等杂质。为了得到高纯度的产品氢，还需对焦炉煤气做进一步的分离与净化处理。

2. 煤炭地下气化

煤炭的气化技术所具有的特点是能耗低、投资小，能够与石油化工和天然气化工相竞争。在采煤现场进行煤炭的地下气化，不但可以克服不利的采煤条件，而且还节省了采煤费用，将地下矿床作为反应

贴士

地下煤炭气化的设想，最早由俄国著名化学家门捷列夫于1888年提出，他认为，"采煤的目的应当说是提取煤中含能的成分，而不是采煤本身"，并指出了实现煤炭气化工业化的基本途径。

煤炭地下气化工程

器加以利用。

煤炭地下气化的过程，首先需要在地下气化炉的通道中建立氧化区、还原区和干馏干燥区三个反应区域，对自然状态下的煤进行科学燃烧，通过对煤的热作用及化学作用产生可燃气体。

从进气孔鼓入气化剂，其有效成分是 O_2 和水蒸气。在氧化区，主要是 O_2 与煤层中的碳发生多相化学反应，产生大量的热，使气化炉达到气化反应所必须的温度条件；在还原区，主要反应是 CO_2 和气态 H_2O 与炽热的煤层相遇，在足够高的温度下，CO_2 还原成 CO，气态 H_2O 分解为 H_2。在干馏干燥区，煤层在高温作用下，挥发组分被热分解，而析出干馏煤气。在出气孔侧，过量的水蒸气和 CO 发生变换反应，形成含有 H_2、CO 和 CH_4 的煤气。

反应区的划分大体以温度为标志，但从化学反应角度讲，各区之间没有严格的界限。气化通道任何位置都有可能进行热解、还原和氧化反应。反应区的划分只说明这三种反应在不同位置的相对强弱而已。

从煤炭地下气化原理可以看出，煤炭地下气化过程中氢气主要来自三个方面：水蒸气的分解、热解煤气和 CO 的变换反应。

（1）水蒸气的分解反应

水蒸气的分解反应主要是高温碳与水蒸气作用生成 CO 和 H_2。在地下气化过程中，水蒸气的分解反应在氧化区与还原区均可发生，但在氧化区产生的 CO 和 H_2

水蒸气

遇氧燃烧，因此，主要还是在还原区产生 H_2。还原区的温度一般在 600℃ ~ 1000℃ 之间，长度为氧化区的 1.5 倍 ~ 2 倍，压力在 0.01 ~ 0.2 兆帕之间，因此，还原区有利于氢气浓度的提高。

（2）热解煤气

煤的热解受很多因素的影响，如温度、加热速度、压力、颗粒度等，其中温度是影响煤的热解产物组成的重要因素。温度的影响包括两个基本方面，一是对煤热解的影响，二是对挥发组分二次反应的影响。干馏煤气主要来自还原区和干馏区，还原区属于中温或高温干馏。在地

面气化过程中，由于煤的粒度较小，干燥阶段在地面气化过程的分析中常被忽略。但对于地下气化反应来说，干燥段和热分解段不仅沿轴向，而且沿横向建立，因而煤中的水分参加化学反应，形成自气化作用，即初次裂解产生的焦油和油类在温度足够高的区域内将与扩散的水蒸气反应，有相当大部分的初次焦油和油类被转化成了较轻的化合物，如 H_2 和 CH_4 等。

（3）CO 变换反应

生成的 CO 再与水蒸气反应，进一步生成 H_2。该反应实际上是在碳粒表面上进行的非均相反应，极少

在气相中进行。该反应在400℃以上即可发生，在900℃时与水蒸气分解反应的速率相当，高于1480℃时速度相当快。

这个反应对提高产品煤气中的H_2含量起很重要的作用。一是因为地下气化通道长度远比地面气化炉高度大得多，二是它可以被煤的表面和地下气化系统中许多无机盐催化，特别是被铁的氧化物催化。

煤炭地下气化与地面气化相比，煤炭无须开采运输，无须气化设备投资，因此成本较低。而且，在老矿井报废煤层中建立地下气化炉，可以充分利用老矿井原有的巷道、提运系统、水电设施、器材设备，无须前期勘探调查，因而建炉初期投资少。气化通道由人工掘进的煤巷形成，建炉时无须特殊技术，一般矿井现有的技术和物质条件都能施工。地下气化过程中，煤的燃烧量大，产生的热能多，热惯性大，为高温产气创造了有利条件，同时降低了气化炉的流动压力损失，能耗降低从而使运行费用得到降低。另外，地下气化过程中，燃烧过的煤渣、氧化物和放射物都能留在地下，因此对环境影响较小。

尽管煤地下气化有很多有利因素，但是由于地质环境复杂和煤层性状的不确定，目前国内还没有工业化的实例。而且，地下气化与地面上气化设备不同，煤本身不移动，而气化反应区域受重力或气体流量、成分的影响而依次移动，反应机理非常复杂。尽管徐州新河二号井做过试验性的煤地下气化制氢生产，但是要实现煤地下气化的工业化生产还存在许多困难。

3. 氢的提纯

焦炉煤气中杂质很多，组成成分十分复杂，除有大量的CH_4和一定量的N_2、O_2、CO、CO_2、$C_2 \sim C_4$饱和烃及不饱和烃类外，还有少量C_5以上的饱和烃类、萘、无机硫、

老矿井

活性炭过滤网

炭来吸附水中的有害物质。

焦油等。

目前，对焦炉煤气中 H_2 的提纯一般采用变压吸附（PSA）方法。首先，将处于常用下的焦炉煤气压缩到变压吸附分离所需要的压力（1.8 兆帕）。进入净化器除去萘、焦油和部分 H_2S 等成分，再进入 PSA 工序除去除氧以外的所有杂质，获得纯度为 99.5% 以上的产品 H_2。最后，通过催化反应除去少量的氧并脱掉微量的水，保证 H_2 的纯度达到 99.99%。在处理焦炉气时，各个工序排出的水中含有少量的酚、氰、煤焦油等有毒物质，这些物质在排放前需要净化处理，通常采用活性

三 烃类制氢

1. 烃类分解生成氢气和炭黑的方法

在烃类蒸汽实现转换中，最费时费力的是脱除或分离二氧化碳，虽然现在有变压吸附法（PSA）、吸收法（包括物理吸收和化学吸收法）、低温蒸馏法、膜分离法等分离二氧化碳的方法，同时还有许多新的技术在推陈出新，我们仍要面对的是二氧化碳的处理问题，否则就会造成环境污染。如果将烃类分子进行热分解，生产出氢气和炭黑，其中炭黑在橡胶工业及塑料行业中能够做着色剂、防紫外线老化剂和抗静电剂，在印刷业当中也发挥着重要的作用，可以做黑色染料和静电复印色粉等。

用烃类分解制取氢气和炭黑方

贴士

到 2008 年为止，12 大炭黑生产国排名依次是：中国、美国、日本、俄罗斯、印度、韩国、巴西、泰国、德国、法国、意大利和埃及。2008 年，这 12 个国家总共生产了 800 万吨炭黑，占全球产量的 82%。

面，目前主要有以下几种方法：

（1）热裂分解

将烃类原料在无氧（隔绝空气）、无火焰的条件下，热分解为氢气和炭黑。生产装置中可设置两台裂解炉，炉内衬耐火材料并用耐火砖砌成花格成方形通道。生产时，先通入空气和燃料气在炉内燃烧并加热格子砖。然后停止通空气和燃料气，用格子砖蓄存的热量裂解通入的原料气生成氢气和炭黑。两台炉子轮流进行蓄热—裂解，周而复始循环操作，将炭黑与气相分离后，气体经提纯可得纯氢。其中氢含量依原料不同而异，例如原料为天然气，其氢含量可达85%以上。

（2）等离子体法

离子体法分解烃类制氢气和炭黑的工艺。其过程如下所述：

在反应器中装有等离子体炬，提供能量使原料发生热分解。等离子气是氢气，可以在过程中循环使用，因此，除了原料和等离子体炬所需的电源外，过程的能量可以自给。用高温产品加热原料使其达到规定的要求，多余的热量可以用来生成蒸气。在规模较大的装置中，用多余的热量发电也是可行的。由

炭黑

于回收了过程的热量，从而降低了整个过程的能量消耗。

等离子体法原料适应性强，几乎所有的烃类，从天然气到重质油都可以作为制氢原料。原料的改变，仅仅会影响产品中的氢气和炭黑的比例。

2. 以轻质油为原料制氢

该法是在有催化剂存在的条件下与水蒸气反应转化制得氢气。

反应在800℃～820℃下进行。从上述反应可知，也有部分氢气来自水蒸气。用该法制得的气体组成中，氢气含量可达74%（体积）。其生产成本主要取决于原料价格，我国轻质油价格高，制气成本贵，应用受到限制。大多数大型合成氨合成甲醇工厂均采用天然气为原料，催化水蒸气转化制氢的工艺。

3. 以重油为原料部分氧化法制氢

重油原料包括有常压、减压渣油及石油深度加工后的燃料油。重油与水蒸气及氧气反应制得含氢气体产物。部分重油燃烧提供转化吸热反应所需热量及一定的反应温度。气体产物组成为：氢气46%（体积），一氧化碳46%，二氧化碳6%。该法生产的氢气产物成本中，原料费约占1/3，而重油价格较低，故为人们所重视。我国建有大型重油部分氧化法制氢装置，用于制取合成氨的原料。

重油部分氧化包括碳氢化合物与氧气、水蒸气反应生产氢气和碳

燃料油

氧化物。

该过程在一定的压力下进行，可以采用催化剂，也可以不采用催化剂，这取决于所选原料与过程。催化部分氧化通常是以甲烷或石油为主的低碳烃为原料，而非催化部分氧化则以重油为原料，反应温度在1150℃～1315℃。与甲烷相比，重油的碳氢比较高，因此重油部分氧化制氢的氢气主要是来自蒸气和一氧化碳，其中蒸汽贡献氢气的69%。与天然气蒸汽转化制氢气相比，重油部分氧化需要空分设备来制备纯氧。

四 醇类制氢

1. 甲醇制氢

甲醇是由氢气和一氧化碳加压催化合成的。随着甲醇合成工艺的成熟，甲醇价格稳中趋降。甲醇为液体，运输、储存、装卸都十分方便，因而使甲醇制氢的研究越来越受到重视。

甲醇可以通过三种途径制氢：甲醇裂解—变压吸附制氢、甲醇水蒸气重整制氢及甲醇部分氧化法制氢。甲醇裂解—变压吸附法，由于

甲醇又称"木醇"或"木精"，是无色有酒精气味易挥发的液体。有毒，误饮5～10毫升能双目失明，大量饮用会导致死亡。用于制造甲醛和农药等，并用作有机物的萃取剂和酒精的变性剂等。

CO的含量高，不利于燃料电池的电极反应。甲醇—水蒸气重整法制得的气体中氢的含量最高，该方法不足之处是反应吸热，且水蒸气生成也要吸热，因而反应的起始速度慢。甲醇部分氧化法制氢，其优点是利用氧气氧化甲醇是放热反应，反应速度快，但由于通入空气氧化时，其中的氮气降低了混合气中氢气的含量，使其含量可能低于50%。

（1）甲醇裂解—变压吸附制氢

甲醇裂解—变压吸附制氢是近年来开发的一种新的制氢方法，其制氢装置主要分为甲醇裂解和变压吸附两部分。

甲醇裂解制氢的主要工艺路线为：甲醇和水的混合液经过预热气化过热后，进入转化反应器，在催化剂作用下，同时发生甲醇的催化裂解反应和CO的变换反应，生成约75%的H_2和25%的CO_2以及少量的杂质。甲醇加水裂解反应是一个多组分、多反应的气固催化复杂反应系统。

反应后的气体经换热、冷凝、吸收分离后，冷凝吸收液循环使用，未冷凝的气体——裂解气再经过进一步处理，脱去残余甲醇及杂质送往氢气提纯工序。

甲醇裂解气主要组分是H_2及CO_2，其他杂质组分是CH_4、CO及微量CH_3OH。裂解混合气再经过PSA提纯净化，可以得到纯度为98.5%～99.999%的氢气，同时，解

甲醇裂解制氢

吸气经过进一步净化处理还可以得到高纯度的 CO_2。

（2）甲醇—水蒸气转化制氢

与传统的大规模制氢相比，甲醇—水蒸气转化制氢具有独特的优势。该方法工艺流程短，设备简单，投资和耗能低；与电解水制氢相比，甲醇—水蒸气转化制氢可降低电耗 90% 以上，成本降低 30%～50%，甲醇—水蒸气制氢成本约 2 元 / 立方米（标准状态），且同时可副产 CO_2，纯度达 99.5% 的 CO_2 在烟草、饮料、钢铁保护焊接等方面需求很大。

甲醇—水蒸气转化制氢的工业流程主要分为三部分：

甲醇

第一部分是甲醇—水蒸气转化制氢。这一过程包括原料气化、转化反应和气体洗涤等步骤。

第二部分是转化气分离提纯。常用提纯工艺有变压吸附法和化学吸附法，前者适合于大规模制氢，后者适合于对 H_2 纯度要求不高的中小规模制氢。

第三部分是热力体循环供热系统。甲醇—水蒸气转化制氢为强吸热反应，必须从外部供热，但直接加热易造成催化剂的超温失活，故多常用热载体循环供热。

（3）甲醇部分氧化制氢

如果向甲醇水蒸气重整制氢体系中引入少量氧，产氢速率会显著提高，这就是甲醇氧化重整。与甲醇—水蒸气转化制氢相比，甲醇部分氧化制氢具有启动快、效率高、可自供热等特点，显示出广阔的应用前景。

甲醇氧化重整体系中主要存在着甲醇燃烧、甲醇的水蒸气重整和甲醇的分解三个独立反应。

但是甲醇部分氧化制氢的催化剂对氧化环境比较敏感，容易失活。所以寻找可代替催化剂的研究正在进行。

乙　醇

2. 乙醇制氢

理论上乙醇可以通过直接分解、水蒸气重整、部分氧化、氧化重整等方式转化氢气。但是乙醇催化制氢难度大，已有的积累仅限于热力学理论分析和催化剂与反应的初步探索。

从长远角度看，生物质发酵法生产乙醇必将成为主流。生物质在成长过程中能够吸收大量的二氧化碳，尽管乙醇生产制氢也放出二氧化碳，但是整个过程形成一个碳循环，不产生净的二氧化碳排放。另外，乙醇无毒，不含易使燃料电池铂电极中毒的硫、易于储存和运输。因此由乙醇催化制氢必将是一种很有前景的方法。

目前，利用乙醇催化制氢的主要国家有阿根廷、巴西、印度等农业大国，这些国家以乙醇—水蒸气重整制氢反应研究为主，而且其中近一半的工作仅从热力学上对反应进行分析，还未涉及乙醇制氢的动力学过程和反应机理。乙醇—水蒸气重整制氢的显著优点是原料可以用乙醇含量为 10%（比体积）左右的水溶液，这种溶液可直接从工业中得到，不需蒸馏浓缩。

乙醇催化制氢研究始于 1991 年，由一些科学家率先从热力学角度对这一反应的可行性及气相产物的分布进行了计算，指出高温、低压和高水乙醇比例的条件有利于提

贴士

进入人体的乙醇由于不能被消化吸收，会随着血液进入大脑。在大脑中，乙醇会破坏神经原细胞膜，并会不加区别地同许多神经原受体结合，酒精会削弱中枢神经系统，并造成大脑活动迟缓。

高氢气的产率和选择性，同样高温和低压也有利于 CO 的产生；而甲烷因其与氢气竞争氢原子，导致氢气的选择性降低。后来的科学家在前人工作的基础上做了进一步发展，考察了反应中碳的形成机制。另一些人提供了乙醇—水蒸气重整反应在熔融碳酸燃料电池（熔融碳酸盐燃料电池）中的应用方式。1998 年，又有科学家通过计算指出在低温下内部重整制氢可以成功用于熔融碳酸燃料电池，这为乙醇、甲醇和甲烷作为燃料用于熔融碳酸燃料电池奠定了技术基础。他们通过比较分析得出结论：若考虑乙醇、甲醇和甲烷的能量密度及每种原料的化学、电化学和热力学方面的参数，综合考虑经济和环保方面，乙醇相对其

熔融碳酸燃料电池

他燃料表现出更大优势，因为乙醇能量密度高、易储存且毒性低，用于燃料电池可获得较大电池电压及电能密度。

乙醇催化制氢不仅可以用于熔融碳酸燃料电池中，还能用于固体聚合物燃料电池（SPFC）中。乙醇—水蒸气重整反应是吸热反应，反应可用燃料电池排出的废气作为燃料提供反应所需的热源。但是水蒸气重整反应装置复杂，需要外界供热的问题一直困扰着技术的实际应用。近年来，一种新型的乙醇催化剂制氢反应工艺发展出来，即乙醇部分氧化制氢。乙醇部分氧化反应具有启动快和反应快的优点，其反应温度可依据进料气的预料温度来确定，某些低温催化剂甚至可以在 500 开尔文左右工作。另外催化部分氧化较水蒸气催化重整要安全可靠，而且出口氢气的浓度可以调节。

具有高活性、高选择性、高稳定性的催化剂在乙醇催化制氢过程中起重大作用。乙醇的水蒸气重整制氢使用的催化剂体系还比较有限，主要为 Cu 系催化剂、贵金属和其他

贴士

　　铑是一种类似于铝的青白色金属，质硬而脆，具有较强的反射能力，加热状态下特别柔软。铑的化学稳定性好。铑的抗氧化性很好，在空气中能长期保持光泽。

类型催化剂。

　　乙醇催化研究首先围绕铜（Cu）系催化剂展开。一些人研究了铜（Cu）/镍（Ni）/钾（K）/γ型氧化铝（γ-Al2O3）催化剂在乙醇—水蒸气重整反应中的活性，系统考察了 Cu 担载量、Ni 含量及焙烧温度对 Cu/Ni/K/γ-Al_2O_3 催化剂结构和性能的影响，认为：在乙醇重整制氢的过程中，Cu 是反应活性组分，并促进 C–H 键、O–H 键的断裂，Ni 促进 C–C 键的断裂，K 仅中和载体 γ 型氧化铝的酸性而不改变催化剂的结构；提高反应选择性的关键在于抑制 C–O 键的断裂。

　　贵金属催化剂在甲醇催化制氢反应中的研究比较多，多为钯系催化剂，贵金属钯和铂担载型催化剂曾见用于乙醇的水蒸气重整制氢，但效果并不好。贵金属铑（Rh）担载型催化剂曾被用于以乙醇为反应物的内部间接重整熔融碳酸燃料电池系统中，载体用 A λ 2O3，Rh 的含量为 5%。但在较低的温度时催化剂几乎无活性，仅仅是乙醇脱氢生成 CO 和 CH_4；当温度高于 734 开时乙醇—水蒸气重整制氢才有活性，在 923 开，反应达到热力学上平衡，乙醇完全转化，没检测到乙烯或乙醛。寿命实验表明，在初始阶段活性有所降低，随后趋于稳定，可能是在反应初始阶段，较高的反应温度使催化剂中活性组分的分散度降低同时颗粒的长大使活性降低。

　　综上所述，尽管乙醇制氢在理

铜基催化剂

论上有多种途径，但是研究得最多的还是水蒸气重整制氢及其热力学分析；催化剂类型也比较单一，主要集中在 Cu 基催化剂，活性也并不理想；对贵金属催化剂仅考察了担载型催化剂，然而该催化剂所需的反应温度较高。对两种类型催化剂仅仅进行了初步研究，还未涉及到深入反应动力学和反应机理。因此在今后的工作中，对乙醇—水蒸气重整制氢反应，应侧重以下两方面的研究：一是丰富催化剂体系，寻找有效且稳定的低温转化催化剂，如以 Ni、Rh 等为主活性组分的催化剂；另一个是建立反应动力学模型，探索反应机理。

另外，探索其他反应路线如乙醇的部分氧化制氢或将水蒸气重整和部分氧化有效地结合起来也是重要的发展方向。和乙醇的水蒸气重整相比，乙醇部分氧化制氢为放热反应，因而具有启动快、效率高、可自供热、便于小型化等诸多优点，所以乙醇部分氧化制氢反应对于燃料电池电动车氢源的研究有重要意义，将是今后发展的主要方向。

电解水制氢

前面介绍的制氢方法的共同之处，在于制氢原料均为化石燃料。化石燃料耗尽了，氢燃料也就失去了来源。因此，作为可再生燃料的氢，绝不是只从化石燃料中制取。所谓再生，是指从氢燃烧的产物——水中重新获得氢。因此，严格地说，只有用水制备的氢才是再生氢。由于生物质和有机废物也是可再生的，由此制得的氢也可视为再生氢。到目前为止，实现大规模制备再生氢的方法，只有水的电解。

一 电解水简介

电解水制氢是一种比较成熟的传统制氢技术，但目前采用该方法制得的氢气只占氢气总产量的 $1\% \sim 4\%$，这是由于在制氢成本中，电费占了很大比例，目前还无法同化石燃料制氢的成本竞争，使得该法只能在用电相对便宜的地方采用。但是，由于用水制得的氢是真正的再生氢，故从长远的能源策略考虑，电解水制氢有可能是未来的主要制氢方法。

电解水制氢的原理很简单，浸没在电解液中的一对电极接通直流电后，水就被分解为氢气和氧气。纯水是电的不良导体，因此电解水时要在水中加入电解质来增大水的导电性。理论上加入任何可溶的酸、碱、盐都可以，但酸对电极和电解槽有腐蚀性，盐会在电解时产生副产物，所以目前只有碱式电解水（通

电解水制氢设备

常是 30％的氢氧化钾水溶液）是大规模制氢采用的方法。

　　水的理论电解电压是 1.23V，但实际上，由于氧和氢生成反应过程中的过电位、电解液电阻及其他电阻因素，实际需要的电压比理论值要高，在 1.65 ~ 2.2V 之间。过电压产生的能量损失使得制氢成本进一步提高。在标准状态下，电解水的能耗为每立方米 4.2 ~ 4.7 千瓦·时，电解效率为 60％ ~ 80％。尽管先进的高分子固体电解质 SPE 电解工艺的能耗可以降低到标准状态下的每立方米 3.0 千瓦·时，但将该技术运用于大规模的工业生产还需要时间。为了能用电解水法制氢，需要大幅度提高电流效率和电流密度，后者决定单位电极面积的制氢量。

二　电解槽

　　电解槽是电解过程的关键设备，是由电解池内装备的电解质、隔膜及沉浸在电解液中成对的电极组成的。电解槽先后经历了几次更新换代：第一代是水平式和立式石墨阳极石棉隔膜槽；第二代是金属阳极石棉隔膜电解槽；第三代是离子交换膜电解槽。

电解槽

贴士

　　电子是构成原子的基本粒子之一，质量极小，带负电，在原子中围绕原子核旋转。不同的原子拥有的电子数目不同，能量高的电子离核较远，能量低的离核较近。

　　目前的水电解制氢工艺技术主要有三类：碱性电解槽、聚合物电解槽和固体氧化物电解槽。

1. 碱性电解槽

　　碱性电解槽是最早实现商业化的电解槽技术，其缺点是效率较低，只有70%～80%，而且还使用具有致癌性的石棉作为隔膜。但因其易于操作、价格低廉，目前仍然被广泛使用，尤其是在大规模制氢工业中。

　　碱性电解槽由直流电源、电解槽箱体、阴极、阳极、电解液和隔膜组成。通常电解液是氢氧化钾溶液（KOH），浓度为20%～30%（质量分数）；横隔膜由石棉组成，主要起分离气体的作用；而两个电极则由金属合金组成，起电催化分解水以及产生氢和氧的作用。在70℃～100℃，0.5～3兆帕的工作条件下，H_2O在阴极被分解为H^+和OH^-，H^+得到电子形成氢原子。并进一步生成氢气；OH^-在两极电场的作用下穿过隔膜到达阳极，在阳极失去电子，生成H_2O和O_2。

　　目前碱性电解槽分为单极性电解槽和双极性电解槽。单极性电解槽的电极是并联的，电解槽在大电流、低电压下操作；双极性电解槽的电极是串联的，电解槽在高电压、低电流下操作。双极性电解槽结构紧凑，电解液电阻引起的能量损失小，从而有较高的效率，但是它设计复杂，提高了成本。

　　实现电解水制氢大规模应用的关键是降低能耗，这可以通过开发新的电极材料、隔膜材料和新的电解槽结构来实现。研究表明，Ni合金具有低析氢过电位，能够有效地加快水的分解。

2. 聚合物电解槽

　　聚合物具有良好的化学和机械稳定性，并且电极与隔膜之间的距离为零，欧姆损失小，提高了电解效率，是比较有潜力的电解槽结构。1966年，通用电气公司开发了第一台聚合物电解槽，是基于离子交换技术的高效电解槽，主要用于空间技术，随后日本对其进行了大量研究。

聚合物电解槽主要由两极和聚合物隔膜组成，其电解制氢过程是PEM-FC发电的逆过程。在阳极，水被分解为氧气和电子。H^+与H_2O结合成H_3O^+，在电场作用下穿过聚合物膜，在阴极与电子结合生成氢气。

与碱性电解槽相比，聚合物电解槽的主要特点是：在低电压下具有高的电流密度和电流效率，因此能耗低，质量和体积小；电解质膜为非透气性膜，可在20兆帕的高压下操作，气体纯度高；电解质膜为非腐蚀性，使用安全；聚合物电解槽不需电解液，只需纯水，比碱性电解槽安全、可靠。

3. 固体氧化物电解槽

固体氧化物电解槽从1972年开始发展起来，目前尚处于研究开发阶段。由于其在高温下工作，部分电能可由热能代替，效率很高。

目前，固体氧化物电解槽是三种电解槽中效率最高的，并且反应

固体氧化物电解槽

的废热可以通过汽轮机等系统加以利用，使得系统总效率达到90%。但由于在高温（1000℃）下工作，也存在着材料和使用上的一些问题。

目前，针对固体氧化物电解槽的研究重点还包括中温（300℃～500℃）固体氧化物电解槽，以降低温度对材料的限制。

三 电解水制氢技术进展

一般的电解水制氢耗电量大，效率低，因此如何提高电流效率，降低能耗就成为改进电解水制氢技术的关键。从20世纪70年代开始，一些国家相继研究开发了高温加压电解水技术。提高电解液温度可加快反应，降低电极的过电位，同时

还可以降低液相电阻；提高压力可以使生成的氢气和氧气气泡变小，避免因气泡作用引起的电极工作面积减小，还可以使设备更加紧凑。20世纪70年代末，日本就试运行了2兆帕、120℃电解水的实验装置，其电解电压仅为1.65V，电解效率可达75%。但是，这种方法需要解决许多问题，例如隔膜材料、电极材料等在高温碱性条件下的耐腐蚀问题以及电解槽的结构问题等。

热交换器

　　20世纪70年代开始研发的水蒸气高温电解制氢工艺，目前已基本达到成熟。高温电解水蒸气的电极是由固体电解质组成的空心管，内侧为阴极，外侧为阳极。水蒸气由内侧通入，由阴极经固体电解质流向阳极，电解产生的氢气由管内侧放出，氧气由管外侧放出。预热到900℃的水蒸气进入电解槽，在1000℃经电极反应被电解成氢气和氧气，经过导管输入热交换器降温后输出。这种电解工艺有较高的电流效率，比常温电解水可节省电力20%左右。虽然目前使用此法生产的氢气成本仍不能与从化石燃料生产出来的氢气相竞争，但在电价低廉的国家还是很有吸引力的。随着化石燃料的价格攀升，该法的发展前景看好。

　　20世纪80年代以来，人们又开发出一种小型高效的电解法，该法用一种高分子固体电解质作为离子交换膜以代替碱性水溶液。在阴极侧通上水后，水在电极表面发生分解反应，生成氢离子并放出氧。生成的氢离子在阳离子交换树脂的固体高分子膜内，向阴极移动，在阴极表面得到电子后变为氢气排出。同时，开发出独特的化学电镀法能将电极与SPE膜很好地接合在一起，该法的优点是：

　　第一，水是唯一的循环液，装置材料易得，维护保养方便；

　　第二，阴极和阳极之间隔着非多孔质氟树酯膜，装置耐高压；

第三，气体由电极排到供电体，电极间无气体电阻，欧姆损耗小；

第四，气体纯度高。SPE 水电解的产品气体纯度极高，好的电解槽可制得纯度 99.999％以上的氢气，纯度 99.99％以上的氧气。

尽管 SPE 水电解有不少优点，但这项技术也存在不足之处，例如膜中气体穿透，会使电流效率降低，而且膜与电极之间易产生接触电阻。

SPE 水电解装置

近年来，对 SPE 膜水电解法的研究和报道很多，并有许多专利。

美国联合技术公司汉米尔顿标准部于 20 世纪 80 年代中期得到了这项技术。到了 20 世纪 90 年代，汉米尔顿标准部为提高电解槽技术水平，做进一步开发研究，将该技术与潜艇的其他生命维持系统结合起来，将这种经过升级换代的 SPE 电解槽称为联合生命维持系统。与此同时，根据美国发展 SPE 电解水技术的经验，英国国防部于 1975 年 2 月委托英国约翰布朗造船公司（CJB）开发研制自己的 SPE 电解水装置。与美国的 SPE 电解水装置不同，英国采用了低压方案。之所以采用低压方案，是因为低压操作具有控制简单、启动方便，无需压差操作，建造材料选用广泛等优点。1983 年研制出产氢能力为 14 立方米/小时（标况）样机，完成了 5000 小时的寿命试验。

贴士

为了保持潜水艇中的空气适于呼吸，潜艇生命维持系统有三件事是必须要做的：一是氧气被消耗后必须进行补充。如果空气中的氧气含量过低，人就会窒息。二是必须除去空气中的二氧化碳。三是必须除去呼吸中排出的湿气。

（四）廉价电能的利用

电解制氢不仅十分可靠、而且效率很高，大多数商业电解池的电解效率均超过75%。电解池没有运动部件，也不需要任何复杂的零部件，所以制氧的成本很大程度上是所消耗的电力费用，故而与发电方式有直接关系。因此，寻求成本较低的电源，便会增大电解制氢的吸引力。

海洋中蕴含丰富的能量，主要是风浪和海面涌浪。美国一家公司研制成功一种往复式发电机，它可以把海洋涌浪的能量直接转换成电能。该公司研制的海洋涌浪能转换系统（OSWEC），把肯尼迪航天中心附近海洋的涌浪能和波浪能作为电解制氢的能源，制得的氢和氧可以通过管道直接送到航天发射设施，大大降低了航天成本。

廉价制氢 OSWEC—电解制氢联合工艺。OSWEC 系统把海洋涌浪能转换成有效电能，然后把电能配送给整个制氢工艺的各个功能部分。而且此工艺还可以从盐水中获得其他有用的化学物质。从海水中提取出来并有商业价值的元素主要有氯、钠、镁、硫、钙、钾、碳、溴，其中有几种元素或其化合物目前在商业上就是从海水生产的。

另一种廉价的电能来源是地热。地热是指存在于地球内部常温层以下的热量，地热的来源主要是由地

能源宝库——海洋

球内部放射性元素蜕变产生的。目前主要是通过干蒸汽、湿蒸汽或扩容蒸汽和中间介质，几种方式来实现地热发电。目前在建有干蒸汽电站的国家，主要是用蒸汽热储原理来发电，将蒸汽从井中直接传输到发电机组，这类热电单机组发电量为 35 兆～ 120 兆瓦。世界上大多数地热田属液态热储，湿蒸汽或扩容蒸汽地热电站应用液态地热系统中的热液流体发电，在地表首先将大部分液态水扩容为水蒸气，然后输送到发电机组发电，此类电站单机组发电在 10 兆～ 55 兆瓦。中间介质发电也应用液态地热系统发电，但由于热储温度较低，不能通过压力变化扩容成蒸汽而发电，只能通过低沸点的中间介质来发电，一般单机组装机容量小于 3 兆瓦。

利用地热能发电的一大益处在于，它可以很经济地建立相对较小的发电机组（与水力发电相比）。在一些电力市场较小的发展中国家，建立 15 兆～ 30 兆瓦的地热电站比建立 100 兆～ 200 兆瓦的水力发电站要容易得多。由于在地热系统中，地下流体的运移距离很大，且地热能发电需要的水量也很小，因此地

"羊八井"地热发电站

热发电非常稳定，它不受月或年降水量大小的影响。

我国地热资源十分丰富。1977年在西藏羊八井建立第一个高温地热发电机组，装机容量为 1 兆瓦，到 1994 年总装机容量为 25.18 兆瓦，电力全部供给拉萨市，占拉萨市总需求量的 40%。1996 年，在羊八井打出高温高产地热井，可建 1 个 10兆瓦发电机组。除了西南部的西藏和云南，我国华北和东北地区的地热资源也很丰富，东南沿海、辽东及胶东半岛也存在大量中低温地热资源。

（五）电解制氢技术的未来

电解制氢最大的缺点是能耗高，所以氢的成本高。但这并不意味着

贴 1

　　撒哈拉沙漠是世界第二大荒漠，仅次于南极洲，是世界最大的沙质荒漠。它位于非洲北部，气候条件非常恶劣，是地球上最不适合生物生存的地方之一。

电解水制氢不能成为再生氢的制备方法，这得由电的成本高低而定。一方面，电解水技术的不断进步，使能耗不断降低，另一方面，化石燃料价格的不断上涨，将使电解氢的竞争力不断增强。低成本的电可来自核能和各种自然能，例如太阳能、风能、潮汐能、地热能等。

　　当然，目前自然能发电的成本仍受到规模和相应技术水平的限制，但随着整体技术水平的提高，自然能发电的成本必将大幅度降低。自然能的优势在于可再生。虽然自然能有多种利用途径，但发电制氢大大拓宽了自然能的应用领域。例如，利用太阳能发电制氢来制动汽车，比直接以太阳能为动力的太阳能汽车方便得多。我们做一简单的估算，可知利用太阳能发电制氢，为全世界的机动车提供燃料不是不可能的。假定太阳能常数是每平米 1.362 千

撒哈拉沙漠

瓦，而且大约 50% 的太阳辐射到达地表，光电系统的效率约为 10%，此值大约等于光合成生物质（如玉米）的效率，并假定日夜各半。在此理想条件下，需要有 54.1 平方千米（每人合 90 平方米）的光电池板，才能产生电解水制备上述量的氢所需的电能。此面积相当于边长 740 千米的正方形，在地球上仅相当于撒哈拉沙漠上方块所示的大小。

第三节 SHENGWU ZHI ZHIQING
生物质制氢

据估计，地球上每年生长的生物质的能量和，约相当于目前世界总能耗的 10 倍。我国年产农作物秸秆达 6 亿吨以上，全部可利用的生物质能源达 30 亿吨。从资源本身的属性来说，生物质是能量和氢的双重载体，生物质自身能量足以将其所含的氢分解出来，合理工艺还可以利用多余能量分解出水，以获得更多的氢，生物质是低硫和二氧化碳零排放的清洁能源，在制氢过程中不会像化石能源制氢那样，造成一定的环境污染，控制了二氧化碳的排放，因此这种基于可再生能源的氢能路线，是真正意义上环境友好的洁净能源技术。

一 认识生物质制氢

生物质制氢主要有生物质气化制氢、微生物制氢和酶制氢三种途径。

生物质气化制氢一般指将生物质原料加压成型，通过热化学方式气化或裂解转化为高品质的燃气或合成气。生物质气化制氢可分为：等离子体热解气化制氢、超临界流体中生物质气化制氢、生物质催化气化制氢。其基本化学反应过程与生物质气化相同。

等离子体热解气化制氢是利用等离子产生的极光束、闪光管、微波等离子、电弧等离子等，通过电场电弧能将生物质热解。合成气中主要成分是 H_2 和 CO_2，且不含焦油；在等离子体气化中，可通过水蒸气，调节 H_2 和 CO_2 的比例。但该过程能耗很高，因而等离子体制氢的成本

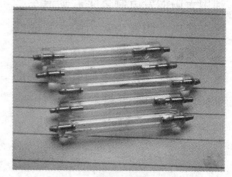

闪光管

较高。

超临界流体中生物质气化制氢最早是由美国开发研究的，他们研究了木材在超临界水中的气化，随后美国夏威夷大学开展了更为系统深入的研究，并提出生物质超临界水气化制氢的新构想。超临界水的介电常数较低，有机物在水中的溶解度较大，在其中进行生物质的催化气化，可将生物质比较完全地转化为气体和水可溶性产物，气体主要为 H_2 和 CO_2，反应不生成焦油、木炭等副产品。对于含水量高的湿生物质可直接气化，不需要高能耗的干燥过程。

微生物制氢是指通过微生物的作用将有机废水分解制取富含氢的气体，然后通过气体分离得到纯氢。利用某些微生物代谢过程来生产氢气的生物工程技术是氢能开发研究的重要内容。根据微生物生长的碳源的不同和产氢微生物种类的不同，可将微生物制氢分为化能营养微生物产氢和光合微生物产氢。

化能营养微生物产氢又称作发酵制氢。由化能营养微生物在常温常压下进行酶促反应制得氢气。该类微生物可以各种碳水化合物、蛋白质等有机物质为能源和碳源，在分解有机物的过程中释放出氢和二氧化碳，并伴随着水的分解而释放氢。参与该类产氢的微生物的主要有厌氧菌和兼性厌氧菌。根据菌种及产气材料的不同，可将这种制氢途径分为三种：一是采用纯菌种和固定化技术进行微生物制氢，鉴于该种发酵的条件较难控制，还未达到成熟，尚处于实验室研究阶段；二是通过厌氧活性污泥对有机废水进行发酵制取氢气；三是采用连续非固定化高效产氢细菌，使含有碳水化合物、蛋白质等物质分解产氢，产氢率可达 30%。

光合微生物产氢是由光合微生物催化的、与光合作用相联系的产氢方式。光合微生物（如微型藻类

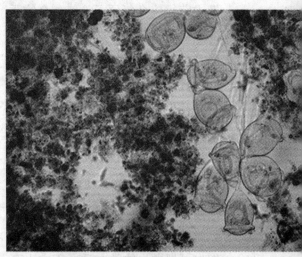

厌氧活性污泥中的菌

贴士

光合细菌是地球上出现最早、自然界中普遍存在、具有原始光能合成体系的原核生物，是在厌氧条件下进行不放氧光合作用的细菌的总称，光合细菌广泛分布于自然界的土壤、水田、沼泽、湖泊、江海等处。

等）在光合磷酸化提供能量和有机物降解提供还原力的情况下，利用有机酸通过光产生 H_2 和 CO_2，光合细菌的光合放氢由固氮酶催化完成。

酶法制氢的本质与微生物制氢类似。它是从微生物中提取酶，由酶来催化制氢。目前，主要有两类酶。

一种是葡糖脱氢酶在磷酸烟酰胺腺嘌呤二核苷酸（NADP）的帮助下，能从葡萄糖中提取氢。其原理是在制取氢的过程中，NADP 从葡萄糖中获得一个氢原子，使剩余物质变成氢原子溶液。这种葡萄糖脱氧酶是由美国橡树岭国家实验室从热原体乳酸菌中提取的，而热原体乳酸菌首先是在美国矿井中的低温干馏煤渣中发现的。

另一种是氢化酶产氢。作用原理是：酶使 NADPH 携载的氢原子结合成氢分子，而 NADPH 还原为它原来的状态被再次利用。实际操作也可把微生物放在适合于它生存

海底火山口

的特殊器皿里，然后将微生物产出的氢气收集在氢气瓶里。氢化酶最早由美国科学家从海底火山口附近发现的一种微生物中提取的，后来俄罗斯的科学家在湖沼里也发现了这种微生物。

二 制氢的主要工艺类型

1. 热化学转换制氢

生物质热化学转换制氢是指通过热化学方式将生物质转化为富含

氢的可燃气体，再经气体分离得到纯氢。主要技术路线如下：

（1）生物质气化催化制氢

该工艺是以水蒸气、氧气或空气作为气化剂的部分氧化反应，产物为含氢和一氧化碳的水煤气，然后进行变换反应使一氧化碳与水蒸气转变为氢气，最后分离氢气。该法源于以煤炭为原料的制氢工艺。而生物质的特性与煤炭又有很大的区别，所以需要有符合生物质自身特点的工艺设计。例如，针对生物质气化产物中焦油含量多的特点，许多研究者在气化后采用催化裂解的方法以降低焦油含量而提高氢含量。

生物质气化催化制氢一般采用循环流化床或固定化流化床作为气化反应器，后者可采用空气或富氧

白云石

空气与水蒸气一起作为气化剂。气化介质不同，产品的组成会有所变化。使用空气作气化剂，由于其中氮气量较多，会增加气化后燃气的体积，给氢的分离带来一定难度；若加入富氧空气，则需增加相应的富氧制取设备。催化剂一般使用镍基催化剂或较为便宜的白云石或石灰石。

（2）生物质热裂解制氢

该法是对生物质进行间接加热，使其分解为可燃气体和烃类（焦油），然后对热解产物进行第二次催化裂解，使烃类物质继续裂解以增加气体中氢的含量，再经过变换反应将一氧化碳与水蒸气作用转变为氢气，然后进行气体分离。该制氢方式是对裂解温度、物料的停留时间及热解气氛进行控制来达到制取氢气的目的。热解反应与煤炭干馏类似，由于不加入空气，得到的气体属中热值燃气，且体积小，有利于分离。

（3）生物超临界转换制氢

超临界转换是将生物质原料与一定比例的水混合后，置于压力为22兆~35兆帕、温度为450℃~650℃的超临界条件下反应，完成反应后产生氢含量较高的气体

和残炭，然后进行气体的分离得到氢。超临界水具有介电常数较低、黏度小、扩散系数高以及具有良好的扩散传递性的特点，因而可降低传质阻力、溶解大部分有机成分和气体。使反应成为均相，加速了反应进程。该法的反应温度和压力都较高，设备和材料的工艺条件比较严格。

（4）生物质热解重整制氢

尽管该方法尚未成熟，但是由于其具有制氢中间体的裂解油易储存和运输等突出优点，近年来引起研究人员的关注。

（5）其他热化学转换制氢

除了上述几种主要的热化学转换制氢技术正处于研究阶段外，目前还有一些非常新颖的技术路线正活跃在制氢领域中。如水电解制氢、

海绵铁

太阳能气化、海绵铁/水蒸气反应制氢、甲醇和乙醇的水蒸气重整制氢、甲烷重整制氢等。

2. 微生物法制氢

从长远发展看，微生物法制氢有着清洁、节约矿物资源的优势，因而发展前景非常好。目前，这方面的工作主要集中在厌氧微生物发酵制氢、光合微生物制氢和厌氧—光合微生物联合制氢的研究上，且均处于实验室阶段。

（1）厌氧微生物制氢

许多厌氧微生物能将甲酸、丙酮酸、CO_2 和各种短链脂肪酸、硫化物、淀粉、纤维素等底物分解而得到氢气。这种作用依赖于微生物的氮化酶或氢化酶。

目前的研究主要是将微生物细胞固定化，以使氢化酶的稳定性提高，并连续产氢与储氢。这项工作要有较高的产氢速率，并实现大规模工业化生产，同时还有许多要完善的内容，如优良菌种的选育、细胞固定化培养技术的优化、反应条件及反应器结构的优化等。目前，研究者所采用的两段厌氧生物处理综合工艺技术，即将发酵法制氢与

微藻是一类在陆地、海洋分布广泛，营养丰富、光合利用度高的自养植物，细胞代谢产生的多糖、蛋白质、色素等，使其在食品、医药、基因工程、液体燃料等领域具有很好的开发前景。

高浓度有机废水处理结合起来的技术，已取得阶段性研究成果。

（2）光合微生物制氢

目前，光合微生物制氢的研究还属于起步阶段，离商业化还有相当的距离，主要研究内容集中在细菌和藻类上。太阳光水解制氢是通过微藻光合作用系统及特有的产氢酶系把水分解为氢气和氧气。该方法以太阳能为能源，以水为原料，能量消耗小，生氢过程清洁，很有发展前景。选育和改造菌种、提高光合微生物的产氢量、探索特定条件下制氢的最佳工艺条件等，将是该技术下一步面临的首要工作。

（3）热化学—微生物联合制氢

将热化学制氢和微生物制氢两种工艺结合起来制氢。这种工艺可为有效地利用资源。通常的方法是把煤先通过热化学方法转化为一氧化碳、氢和硫化氢，然后利用生物转化的方式从一氧化碳、H_2S 中制氢。

目前已经发现两种无硫紫色细菌可以通过转化水和一氧化碳生成二氧化碳和氢气。

这两种菌具有生长较快、一氧化碳转化速率快、对生长条件要求不严格、允许氧气和硫化物存在等优点。只是其中一种需少量光能。

由于一氧化碳和硫化氢是难溶的气体，能影响工艺中气液的传质速率，这直接关系到工业化生产中反应器的设计类型、结构和大小，是该项技术的一个关键性问题，尚有较多需要进一步开发研究的内容。

如上所述，将生物质转化为煤气化的类似的合成气，再利用无硫紫色细菌实现联合制氢也是完全可能的。

三　产氢微生物

产氢微生物是指一些具有放氢能力的微生物。微生物放氢是一种广泛存在的自然现象。大量的微生物存在于沼泽、污水、土壤、热泉甚至动物胃里，它们有的可以直接

利用太阳能放出 H_2，有的可以分解有机物放出 H_2。放氢生物不仅包括原核生物，还包括许多真核生物，如一些绿藻也具有放氢能力，放氢微生物主要包括发酵放氢微生物和光合放氢微生物两大类。

1. 发酵放氢微生物

发酵放氢微生物主要是一些不需要光照，以分解有机物为放氢提供能量的一些细菌。发酵放氢微生物主要包括严格厌氧发酵放氢菌、兼性厌氧发酵放氢菌和好氧发酵放氢菌。

（1）严格厌氧发酵放氢菌

分子氧对严格厌氧微生物有毒，即使短期接触空气也会抑制严格厌氧微生物生长甚至致死，其生命活动所需能量是通过发酵、无氧呼吸或磷酸化等过程提供。严格厌氧发酵放氢菌主要包括放氢梭菌、放氢瘤胃细菌、嗜热放氢菌、产甲烷产氢细菌等。不同严格厌氧菌株具有不同的放氢能力，如丁酸梭菌放氢量达每摩尔葡萄糖产生 416 摩尔 H_2，阴沟肠杆菌 ITT2BT08 产氢量达每摩尔葡萄糖生产 212 摩尔 H_2，类腐败梭菌、巴氏梭菌等也都具有一定的放氢能力。这些严格厌氧发酵菌可以用于单独放氢，也可以进行混合放氢。它们能够分解利用多种有机质放氢，如可以利用木糖、树胶醛糖、半乳糖、纤维二糖、蔗糖和果糖等小分子糖类，也能利用纤

热泉

维素和半纤维素等大分子糖类放氢。

纤维素在自然界中广泛存在，如果用纤维素类物质作为放氢的原料，可望大规模生产 H_2。瘤胃细菌生存在动物的瘤胃中，利用动物未完全消化的有机物作为产氢的底物，如白色瘤胃球菌可以分解糖类产生 H_2。嗜热菌也具有放氢的能力，如热厌氧菌，许多嗜热菌的产氢量很高，但一般葡萄糖利用率很低。产甲烷细菌在厌氧的情况下有一定的放氢能力，在正常情况下，其主要产物仍然是甲烷，但在甲烷生成受到抑制的时候，巴氏甲烷八叠球菌可以利用 CO 和 H_2O 生成 H_2 和 CO_2。

（2）兼性厌氧发酵放氢菌

兼性厌氧发酵放氢菌在有氧或无氧条件下均能生长，但在有氧情

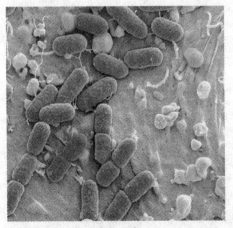

大肠杆菌

况下生长得更好。具有产氢能力的兼性厌氧发酵菌，如大肠杆菌和柠檬酸杆菌等。大肠杆菌在厌氧的情况下可以分解利用多种有机物放出 H_2 和 CO_2，大肠杆菌有极高的生长率和能够利用多种碳源，而且产氢能力不受高浓度 H_2 的抑制，但其缺点是产氢量比较低。

（3）好氧发酵放氢菌

好氧发酵放氢菌只能在有氧的条件下才能生长，有完整的呼吸链，以 O_2 作为最终氢受体。需氧放氢微生物主要包括有芽孢杆菌、脱硫弧菌和粪产碱菌等。

发酵型细菌能够分解多种底物制取 H_2，如甲酸、乳酸、丙酮酸及各种短链脂肪酸、葡萄糖、淀粉、纤维素二糖等。O_2 的存在会抑制与放氢相关酶的合成与活性，甚至会使产氢过程完全受到抑制。在发酵型细菌中，巴氏梭菌，丁酸梭菌和拜氏梭菌是高产氢细菌，而丙酸梭菌、大肠杆菌和蜂房哈夫尼菌的产氢量较低。

2. 光合微生物

光合微生物产氢按照其分解底物的不同又可分为藻类和光合细菌

藻 类

两大类。其中藻类（如蓝藻和绿藻）主要依靠分解水来产生 H_2，而光合细菌主要依靠分解有机质来产生 H_2，光合微生物能够利用太阳能产生 H_2。

（1）藻类

藻类中的原核和真核藻具有放氢能力（蓝藻和绿藻）。蓝藻（又称蓝细菌）是一种原核生物，它可以利用太阳能还原质子产生 H_2。如

多变鱼腥藻、柱孢鱼腥藻、球胞鱼腥藻、满江红鱼腥藻、钝顶螺旋藻、珊藻、聚球藻、沼泽颤藻、点形念珠藻等。

（2）光合细菌

光合细菌是一群没有形成芽孢能力的革兰阴性菌，具有固氮能力，它们的共同特点是能在厌氧和光照条件下进行不产氧的光合作用。产氢光合细菌主要集中于以下几个属：

第一种是红假单胞菌属，其包括球形红假单胞菌的一些菌株；荚膜红假单胞菌的一些菌株；绿色红假单胞菌；红假单胞菌菌株；嗜酸红假单胞；沼泽红假单胞菌等；它们的产氢能力各不相同。

第二种是外硫红螺菌属，如空泡外硫红螺菌可以利用丙酮酸作为碳源，每25毫升培养基每小时放氢量达7毫升。

第三种是红微菌属，如万尼氏红微菌和荚膜红微菌等，其中荚膜

蓝藻的繁殖方式有两类，一为营养繁殖，包括细胞直接分裂（即裂殖）、群体破裂和丝状体产生藻殖段等几种方法，另一种为某些蓝藻可产生内生孢子或外生孢子等，以进行无性生殖。孢子无鞭毛。

红微菌利用丁酸盐为底物放氢量达每摩尔丁酸释放317摩尔H_2。

　　第四种的红细菌属，如浑球红细菌，利用葡萄糖为底物，每摩尔葡萄糖放氢量达1186摩尔。

　　第五种小红卵菌属，如嗜硫小红卵菌。

　　其他属的具有产氢能力光合细菌，如着色菌属的酒色红硫菌，红螺菌属的深红红螺菌，荚硫菌属的桃红荚硫菌。

制氢原料工业废水

四　生物制氢展望

　　随着人类工业化进程的加快，能源短缺和环境污染的局势日益严重。氢能源由于高能量密度以及相对于化石能源的无污染性，一直被认为是"未来能源"。系统地研究生物制氢技术所面临的各种问题，提高产氢速率和效率、大幅度降低生产成本、加快生物制氢的工业化进程是解决能源和环境问题的重要途径。因此，我们需要开发一些成本低、效率高的工艺来获得大量的氢气。

　　生物制氢相对于物理化学方法制氢而言，最显著的优势在于这种方法能在比较温和的条件下进行，而且有特定的转化，然而，生物制氢的原料成本将是这种新方法发展最大的制约因素。生物制氢可利用一些碳氢化合物含量高的原料、含纤维素淀粉的固体废物、以及一些食品工业的废水作为生物制氢的原料以降低生产成本，因此，随着生物制氢技术的提高，生物制氢必将在制氢领域发挥重要作用。

　　生物制氢思路于1966年首先被提出，而到20世纪90年代受到空前重视。当时，德、日、美等一些发达国家成立了专门机构，制定了生物制氢发展计划，以期通过对生

贴士

所谓化学需氧量（COD），是在一定的条件下，采用一定的强氧化剂处理水样时，所消耗的氧化剂量。它是表示水中还原性物质多少的一个指标。水中的还原性物质有各种有机物、亚硝酸盐、硫化物、亚铁盐等，但主要的是有机物。

物制氢技术的基础性和应用性研究，在21世纪中叶实现工业化生产。但时至今日，许多研究还处于理论和实验室研究阶段，并形成了一个热门领域，预期未来的10年内将在应用领域有所突破。

我国哈尔滨工业大学在国内外首创并实现了中试规模连续非固定化菌种长期持续生物制氢技术，是生物制氢领域的一项重大突破。该技术采用的游离细胞，通过厌氧生物处理工业废水，是一种集发酵法生物制氢和高浓度有机废水处理为一体的综合工艺技术。采用连续流方式运行，以非固定化的混合菌种（厌氧活性污泥）作为氢气生产者，在处理高浓度有机废水的同时回收大量的氢和甲烷，可获得1千克化学需氧量（COD）产26摩尔H_2的产氢率。

第三章

Chapter 3

氢的储存与输运

氢能的储存与输运是氢能应用的前提。但氢气无论以气态还是液态形式存在，密度都非常低。氢在一般条件下以气态形式存在，且易燃（4%～75%）、易爆（15%～59%），这就为储存和运输带来了很大的困难。当氢作为一种燃料时，必然具有分散性和间歇性使用的特点，因此必须解决储存和运输问题。储氢和输氢技术要求能量密度大、能耗少、安全性高。

第一节 QINGQI DE CHUCUN
氢气的储存

氢气储存可分为物理法和化学法两大类。物理储存方法主要包括液氢储存、高压氢气储存、活性炭吸附储存、碳纤维和碳纳米管储存、玻璃微球储存、地下岩洞储存等。化学储存方法有金属氢化物储存、有机液态氢化物储存、无机物储存、铁磁性材料储存等。

一 液化储氢

1. 液化储氢简介

液化储氢是一种深冷的液氢储存技术。氢气经过压缩后，深冷到21开以下使之变为液氢，然后储存到特制的绝热真空容器中。常温、常压下液氢的密度为气态氢的845倍，液氢的体积能量密度比压缩贮存高好几倍，这样，同一体积的储氢容器，其储氢质量大幅度提高。因此液化储氢适用条件是储存时间长、气体量大、电价低廉。

但是，由于氢具有质轻的特点，所以在作为燃料使用时，相同体积的液氢与汽油相比，含能量少。这

液化储氢罐

意味着将来若以液氢完全替代汽油，则在行驶相同里程时，液氢储罐的体积要比现有油箱大得多(约3倍)。

氢气在室温及以上温度由正氢（75%）和仲氢（25%）组成。当温度低于氢气的沸点时，正氢会自发地转化为仲氢，含量可降至0.2%。但若没有催化剂存在的情况下，该过程发生得非常缓慢；此外，该过

程进行的速度还与温度密切相关，如在氢的沸点则转化时间超过一年，若温度为 923 开、压力为 0.0067 兆帕，则转化时间可缩短为 10 分钟。

正氢向仲氢的转化过程属放热过程，该过程放出的热量大于沸点温度下两者的蒸发潜热，在液氢的贮存容器中若存在未转化的正氢，就会在缓慢的转化过程中释放热量，造成液氢的蒸发，即挥发损失（10 天损失 50%）。因此在氢气液化过程中，应使用催化剂（如活性炭、稀土金属等）加速上述的转化过程。

氢气液化流程中主要包括加压器、热交换器、涡轮膨胀机和节流阀。最简单的气体液化流程为 Linde 或 Joule-Thornpson 流程，也称节流循环，是工业上最早采用的气体液化循环，因为这种循环的装置简单，

涡轮膨胀机

运转可靠，在小型气体液化循环装置中被广泛采用。

在该流程中，气体首先在常压下被压缩，而后在热交换器中制冷，进入节流阀进行等焓的 Joule-Thompson 膨胀过程以制备液体；制冷后的气体返回热交换器。

对于其他气体（如 N_2）来说，室温下发生 Joule-Thompson 膨胀过程时会导致气体的变冷；而氢气则恰恰相反，必须将其温度降至 80 开以下，才能保证在膨胀过程中气体变冷。因此在现代的液氢生产中，通常加入预冷过程。实际上，只有压力高达 10 兆～15 兆帕，温度降至 50 开～70 开时进行节流，才能以较理想的液化率（24%～25%）获得液氢。

在该流程中，使用液氮作为预冷剂，可在发生膨胀过程前将氢气冷却至 78 开。

另一种方法是使氢气通过膨胀机来实现 Joule-Thompson 过程。

1902 年，法国的克劳特首先实现了带有活塞式膨胀机的空气液化循环，所以带膨胀机的液化循环也叫克劳特液化循环。理论证明：在绝热条件下，压缩气体经膨胀机膨

胀并对外做功，可获得更大的温降和冷量。好处是无需考虑氢气的转化温度（即无需预冷），可一直保持制冷过程。缺点是在实际使用中只能对气流实现制冷，不能进行冷凝过程，否则形成的液体会损坏叶片。尽管如此，流程中加入涡轮膨胀机后，效率仍高于仅使用节流阀来进行 Joule-Thornpson 过程，液氢产量可增加 1 倍以上。因此，目前在气体液化和分离设备中，带膨胀机的液化循环的应用最为广泛。膨胀机分两种：活塞式膨胀机和涡轮膨胀机。中高压系统采用活塞式膨胀机（可适应不同的气体流量，效率 75% ~ 85%），大流量、低压液化系统则采用涡轮膨胀机（氢气最大处理量为 10.3 千克 / 时，效率为 85%）。

理想状态下氢气液化耗能为 3.228 千瓦·时 / 千克，目前的氢气液化技术耗能为 15.2 千瓦·时 / 千克，几乎是氢气燃烧所产生低热值（产物为水蒸气时的燃烧热值）的一半；而生产液氮的耗能仅为 0.207 千瓦·时 / 千克。

2. 液氢储罐

液氢气化是液氢储存技术必须解决的问题。若不采取措施，液氢储罐内达到一定压力后，减压阀会自动开启，导致氢气泄漏。

液氢储罐

美国航空航天中心（NASA）使用的液氢储罐容积为 3 800 立方米，直径 20 米，液氢蒸发的损失量为

贴士

美国航空航天中心参与了包括美国阿波罗计划、航天飞机发射、太阳系探测等在内的航天工程。美国东部时间 2012 年 8 月 6 日 1 时 31 分（北京时间 13 时 31 分），该航天中心参与发射的"好奇"号火星车已成功登陆火星。

60万升/年。由于蒸发损失量与容器表面积和容积的比值（S/V）成正比，因此最佳的储罐形状为球形，而且球形储罐还有另一个优点，即应力分布均匀，因此可以达到很高的机械强度。唯一的缺点是加工困难，造价昂贵。

目前经常使用的是圆柱形容器。对于公路运输来说，直径通常不超过2.44米，与球形罐相比，其S/V值仅增大10%。

由于蒸发损失量与容器表面积和容积的比值（S/V）成正比，因此储罐的容积越大，液氢的蒸发损失就越小。

液氢储罐用绝热材料可分为两类，一类是可承重材料，如Al/聚酯薄膜/泡沫复合层、酚醛泡沫、玻璃板等，此类材料的热泄漏比多层绝热材料严重，优点是内部容器可"坐"在绝热层上，易于安装；另一类为不可承重、多层（30～100层）绝热材料，常使用薄铝板或在薄塑料板上通过气相沉积覆盖一层金属层以实现对热辐射的屏蔽，缺点是储罐中必须安装支撑棒或支撑带。

由于储罐各部位的温度不同，液氢储罐中会出现"层化"现象，即由于对流作用，温度高的液氢集中于储罐上部，温度低的沉到下部。这样，储罐上部的蒸汽压增大，下部几乎无变化，导致罐体所承受的压力不均，因此在储存过程中必须将这部分氢气排出，以保证安全。

此外，还可能出现"热溢"的现象。主要原因如下：

首先是液体的平均比重高于饱和温度下的值，此时液体的蒸发损失不均匀，形成不稳定的层化，导致气压突然降低。常见情况为下部的液氢过热，而表面液氢仍处于"饱和态"，可产生大量的蒸汽。

其次是操作压力低于维持液氢处于饱和温度所需的压力，此时仅表面层的压力等同于储罐压力，内部压力则处于较高的水平。若由于某些因素导致表面层的扰动，如从

磁力冷冻装置

顶部重新注入液氢,则会出现"热溢"现象。

解决"层化"和"热溢"问题的办法之一是在储罐内部垂直安装一个导热良好的板材,以尽快消除储罐上下部的温差;另一方案为将热量导出罐体,使液体处于过冷或饱和状态,如磁力冷冻装置。

3. 固定式储罐

通常中型液化厂产能为380~2300千克/小时;20世纪90年代后规模有所减小,多为110~450千克/小时,如德国在1991年建立的生产厂产能为170千克/小时,主要制约因素为热交换器。

目前,全世界氢气液化厂的总产能为3×10^6升/天。美国早在20世纪60年代就建立了液氢生产厂,当时主要服务于航天领域;随着氢用途的不断扩大,近年来液氢的需求量以每年9%的速度递增。

商用液氢贮罐容积多为110~5300千克,最大的为美国航空航天中心使用的液氢储罐,容量22.8万千克,蒸发损失0.1%~1%/天。一般液氢生产厂的储罐容量为115000千克,单罐最大可达90万千克。

德国于1991年在纽伦堡建立了一个液氢贮存厂,液氢储存量为3000升,贮存的液氢主要用于给宝马汽车提供燃料。

宝马汽车

液氢贮箱中的蒸气压可通过调压阀、在接入车用储罐前进行设置。而后打开阀,使液氢在室温空气蒸发器中蒸发,直至达到所需的压力。

Linde 公司的液化厂储罐容积为270立方米,可储氢1.9万千克。

日本 WE-NET 计划提出的一种5万立方米液氢储罐。在该设计中,储罐设计压力为0.02兆帕,设计蒸发损失速度为0.1%/天。墙体采用真空粉末绝热,底部采用平底设计,以微球实现绝热。

4. 车用液氢储罐

现代社会所消耗的能源有很大

> 贴士
>
> 　　复合动力汽车，亦称混合动力汽车，是指车上装有两个以上动力源：蓄电池、燃料电池、太阳能电池、内燃机车的发动机组，当前复合动力汽车一般是指内燃机车发电机，再加上蓄电池的汽车。

一部分用于交通运输业，在美国，消耗于交通运输业的能源比例为27%，约占整个油类制品的2/3。同时，交通工具也是主要的空气污染源，空气中50%的NOx、70%的COx（CO与CO_2）和50%的挥发性有机物（VOC）来自汽车尾气。

　　随着科学技术的不断进步，车用动力正在逐渐由化石燃料（如汽油、煤油）向可再生的二次能源过渡，目前已开发出电动车、燃料电池车（FCV）、混合动力车等。因此，对车用储氢系统的研究也方兴未艾。

　　车用液氢容器的液氢储罐一般分为内外两层，内胆盛装温度为20开液氢，通过支承物置于外层壳体中心。支承物可由长长的玻璃纤维带制成，具有良好的绝热性能。夹层中间填充多层镀铝涤纶薄膜，减少热辐射。各层薄膜间放上填炭绝热纸，增加热阻，吸附低温下的残余气体。用真空泵抽去夹层内的空气，形成高真空便可避免气体对流漏热，液体注入管同气体排放管同轴，均采用热导率很小的材料制成，盘绕在夹层内，因此通过管道的漏热大大减小。储罐内胆一般采用铝合金、不锈钢等材料制成，承压1兆~2兆帕，外壳一般采用低碳钢、不锈钢等材料，也可采用铝合金材料，减轻容器重量。研究发现，对于车用储氢容器来说，绝热压力容器（24.8兆帕）比低压液氢储罐（0.5兆帕）更有优势，且液氢的损失量与每天的行驶里程直接相关。

　　采用气冷设计的车用液氢储罐。

车用液氢储罐

罐体采用不锈钢设计，罐体自重90千克，内部最大压力0.6兆帕，可容纳68升液氢。其特点主要在于利用罐内蒸发的液氢流经热交换器使空气液化，通过液化空气（-191℃）使罐体较长时间地保持低温状态，罐内液氢蒸发时间为12天（即充入液氢12天后才产生蒸发损失），损失率为4%/天。采用水冷设计的车用液氢储罐，罐内液氢蒸发时间同样为12天。

二 压缩氢气储存

采用压缩气体的方法是最简单的氢气储存办法。由于现在大量使用加压电解槽，因此，无需消耗过多能量，即可实现氢气的加压储存。随着压力的升高，氢气的储存密度增大。

常用压缩机主要有离心式、辐射式和往复活塞式压缩机。往复活塞式压缩机功率可达11200千瓦，氢气处理量为890千克/小时，最大压力为25兆帕；辐射式压缩机的氢气处理量为2.2×10^4千克/小时；离心式压缩机的氢气处理量为$8.9 \sim 6400 \times 10^4$千克/小时。对

离心式压缩机

于多数分步压缩机来说，第一阶段仅将气体压缩至0.3 ~ 0.4兆帕；若使用更高压力（如将气体压缩至25 ~ 30兆帕），则第一阶段所使用的压力为25 ~ 30兆帕。

压缩气体可分为低压、中压和高压三类。

低压氢气常用于气象气球或袋装储存，如公共汽车顶部的储存袋，中国和印度广泛使用此类储箱储存生物气燃料。

中压容器开始主要用于空气和丙烷（LPG）的储存，常用压力为1.7兆帕，用于氢气储存的压力仅为0.41 ~ 0.86兆帕。中压气体容器材质多为低碳钢或其他对氢脆不敏感的合金，高碳钢不适用于压力储存容器。可采用冷轧/冷铸技术防止氢脆。与低压容器相比，中压容器尺寸更小、分量更重。

高压储氢是密度最大的气态储氢技术，压力范围为 14～40 兆帕。多数用于焊接或容量为 5.7～8.5 立方米、高约 1.4 米、直径 0.2 米的其他工业的钢筒。

总体说来，高压储氢容器可分为四类：全金属容器；可承重的金属材料作衬里，外部包裹饱和树脂纤维的容器；不可承重的金属材料作衬里，外部包裹饱和树脂纤维的容器；不可承重的非金属材料作衬里，外部包裹饱和树脂纤维的容器。

固定储罐常用材料为奥氏体不锈钢，以降低成本。小型储罐常采用 20 兆帕的压力；大一些的储罐，压力为 5 兆帕；若为球形储罐，则 2000 立方厘米的储罐可采用的压力为 18.5 兆帕。考虑到成本问题，压缩氢气储存容器的最大储氢量一般不超过 1300 千克（若超出此范

奥氏体不锈钢板材

围，则可考虑以液氢储存或地下储氢），欧洲通常在较低压力（5 兆帕）条件下进行较大规模的储氢（115～400 千克、100～350 立方米）。压缩氢气储存的适用条件是气体量小、短期储存。

日本市场上销售的氢瓶标准是，充填压力 14.7 兆帕，氢 7 立方米（标准状态）。氢瓶整体质量约 60 千克。以等价能量换算，相当于 2.3L 汽油。早期日本研发的名为"武藏1号"的氢燃料汽车安装了 10 支这样的气瓶，仅容器质量就达 600 千克，根本无法实用。

目前对车用高压储罐的研究主要集中于衬里材料——金属（第 3 类容器）或热塑料（第 4 类容器）。对于金属衬里来说，主要采用无缝设计以避免氢脆可能造成的损伤；对第 4 类储氢容器而言，主要考察指标为氢的渗透速度。

典型的第 4 类高压储氢容器对圆顶的要求是：质轻、能吸收能量、成本合理；对聚合物衬里要求质轻、耐蚀（耐氢脆）、可防止氢渗透、成本合理、韧性好；对碳纤维增强壳要求耐酸蚀、抗疲劳/蠕化/松弛、质轻；对增强型外部保护壳要求耐

枪击、耐碰撞、耐磨损。

　　第4类高压储氢容器的代表是美国QUANTUM公司与通用汽车联合开发的储存压力为70兆帕的车用压力储氢装置。该装置采用无缝的聚合物衬里，外面包裹着多层碳纤维/环氧树脂叠片，最外面为保护壳。

三　金属氢化物储氢

　　把氢以金属氢化物的形式储存在合金中，是近几十年来新发展的技术。

　　原则上说，这类合金大都属于金属间化合物，制备方法一直沿用

锌合金

制造普通合金的技术。这类技术有一种特性，当把它们在一定温度和压力下曝置在氢气气氛中时，就可以吸收大量的氢气，生成金属氢化物。生成的金属氢化物加热后释放出氢气，利用这一特性就可以有效地储氢。

　　金属氢化物储氢比液氢和高压氢安全，并且有很高的储存容量。有些金属氢化物的储氢密度是标准状态下氢气的1000倍，与液氢相当，甚至超过液氢。但由于成本问题，金属氢化物储氢仅适用于少量气体储存。

　　根据不同的应用，已开发出的储氢合金主要有稀土系、拉夫斯（Laves）相系、钛系、钒基固溶体和镁系五大系列。

1. 稀土系（AB5型）

稀土系的代表是$LaNi_5$二元储氢合金，是1969年荷兰Philips公

司 Zijlstra 和 Westendorp 偶然发现的，能吸储 1.4%（质量分数）的氢，在室温下吸储、释放氢的平衡氢压为 0.2～0.3 兆帕。在 ρ–C–T 曲线坪域范围的氢平衡压几乎不变，滞后性小，初期易活化，吸储或释放氢的反应速度快，抗其他气体毒害能量强。因此，它是理想的储氢材料，它的应用开发得到了迅速发展。LaNi$_5$ 型合金具有 CaCu$_5$ 型六方结构。在室温下，能与六个氢原子结合生成具有六方结构的 LaNi$_5$H$_6$。此种合金储氢量大，活化容易，平衡压力适中，滞后系数较小，动力学性能优异。不过，随着充放电循环的进行，由于氧化—粉化腐蚀，其容量严重衰减。另外，LaNi$_6$ 需要昂

储氢合金

贵的金属 La，故合金成本较高，使其应用受到限制。

对 LaNi$_5$ 合金的改性研究主要方法是元素取代。为降低储氢合金的成本，试验过多种元素。

Al：铝的氧化物可以提高氢的反应性，延长储氢合金的循环寿命，降低室温吸氢压力。但氧化层阻碍了氢的扩散，导致充放电过电位较大、快放电能力降低，电化学放电容量下降。

Mn：锰元素可以降低合金吸放氢的平衡压力，并使压力滞后现象减小。但是锰的加入也增大了固化过程中其他元素的溶解，使合金的腐蚀和粉化过程加快，降低合金的稳定性。适量加入钴可以延长合金寿命，一般两者同时加入。

Co：用 Co 部分替代合金中的 Ni 后，放电容量变化不大，但是合金吸氢后的晶胞膨胀率却从原先的 24.3% 降低到 14.3%，储氢合金的循环寿命大大延长。但过量钴的加入会使合金晶胞体积增大，氢化物稳定性增强，氢在合金中的扩散系数降低，从而使得活化困难和高倍率放电能力降低。另外，Co 的加入会使得合金成本升高。为了降低合

金成本，提高合金高倍率放电能力，研制具有较高容量和较好循环寿命的低钴或无钴合金是当前一个科研热点。

2. 拉夫斯 Layes 相系（AB$_2$型）

拉夫斯相系已有 C$_{14}$（MgZn$_2$型）、C$_{15}$（MgCu$_2$型）、C$_{36}$（MgNi$_2$型）3科，分别为六方、面心立方和面心六方结构。其合金储氢容量高，没有滞后效应；但合金氢化物稳定性很高，即合金吸放氢平台压力太低，难以在实际中应用。对二元 Layes 相合金的改性在于研制 A、B 原子同时或部分被取代的多元合金。

3. Ti-Fe（钛铁）系

Ti-Fe 系储氢合金具有 CsCl 结构，其储氢量为 1.8%（质量分数）。价格较低是其优点，缺点是密度大，活化较困难，必须在 450℃和 5×10^6 帕下进行活化，且滞后较大抗毒性差。多元钛系合金的初始电化学容量达到了 300 毫安·时/克。但该合金易氧化，循环寿命较短，在电池中的应用方面研究较少。纳米晶 FeTi 储氢合金的储氢能力比多晶材料显著提高，而且其活化处理更简便，所以纳米晶 FeTi 材料有可能成为一种具有更高储氢容量的储氢材料。

4. 钒基固溶体型合金

钒基固溶体合金（V-Ti、V-Ti-Cr 等）吸氢时，实际上可以利用的 VH$_2$ → VH 反应的放氢量只有 1.9%（质量分数）。其可逆储氢量大，氢在氢化物中的扩散速度较快；但是在碱性溶液中该合金没有电极活性，不具备可充放电的能力，未能在电化学体系中得到应用。在 V$_3$Ti 合金中添加适量的催化元素 Ni 放电容量可达到 420 毫安·时/克，通过热处理及进一步多元合金化研究，已使合金的循环稳定性及高倍率放电性能显著提高，显示出良好

贴士

中国是世界上最早研究和生产合金的国家之一，在商朝（距今三千多年前）青铜（铜锡合金）工艺就已非常发达；公元前6世纪左右（春秋晚期）已制造（还进行过热处理）出锋利的剑（钢制品）。

的应用开发前景。

5. 镁系储氢合金

镍镁合金可在比较温和的条件下与氢反应生成 Mg_2NiH_4，Mg_2NiH_4 的晶体结构一般为立方结构。温度降低时，结构将随之变化。转化为较复杂的单斜结构。Mg_2NiH_4 高温氢化要比低温氢化容易得多。该合金的优点是密度很小，储氢容量高，解吸平台极好，滞后亦很小，且价格低廉，资源丰富。但在常压下放氢温度高达 250℃，因此不能在常温附近使用。纯镁虽可储藏 7.6%（质量分数）的氢，但在常压下，必须在 287℃ 以上的温度下才能放出氢气。目前的研究重点主要集中在改进镁及其合金吸放氢速度慢、温度高、抗腐蚀性差等方面。

储氢合金与其他储氢方法相比有着独到的优点和一些无法回避的缺点。储氢合金的优点是合金有较大的储氢容量，单位体积储氢的密度，是相同温度、压力条件下气态氢的 1000 倍，也即相当于储存了 1000 个大气压的高压氢气。充放氢循环寿命长，成本低廉。

该法的缺点是储氢合金易粉化。储氢时金属氢化物的体积会膨胀，而解离释氢过程又会发生体积收缩。经多次循环后，储氢金属便破碎粉化，使氢化和释氢变得困难。

金属或合金，表面总会生成一层氧化膜，还会吸附一些气体杂质和水分。它们妨碍金属氢化物的形

镍镁合金

成，因此必须进行活化处理。有的金属活化十分困难，因而限制了储氢金属的应用。

杂质气体对储氢金属性能的影响不容忽视。虽然氢气中夹杂的O_2、CO_2、CO、H_2O 等的含量甚微，但反复操作，有的金属可能程度不同地发生中毒，影响氢化和释氢特性。

储氢密度低。多数储氢金属的储氢质量分数仅 1.5%～3%，给车用增加很大的负载。

由于释放氢需要向合金供应热量，实用中需装设热交换设备，进一步增加了储氢装置的体积和质量。同时车上的热源也不稳定，使这一技术难以车用。

热交换设备

（四） 配位氢化物储氢

碱金属及碱土金属与ⅢA族元素可与氢形成配位氢化物。碱金属或碱土金属配位氢化物含有丰富的轻金属元素和极高的储氢容量，因而可作为优良的储氢介质。

碱金属／碱土金属配位化合物的通式为 A（MH_4）n，其中 A 为碱金属（Li、Na、K 等）或碱土金属（Mg、Ca 等）；M 为ⅢA族的 B 或 Al；n 为金属 A 的化合价（1 或 2）。

配位氢化物储氢的机理可分为四类，分别是热解、水解、金属—氢化物电池和硼氢化物纳米管。

水解反应不属于可逆反应。但最近 Kojima 等提出使用焦炭或甲烷，将 $NaBH_4$ 的水解产物 $NaBO_2$ 重新转化为 $NaBH_4$ 的新思路。

$NaBH_4$ 被认为是最适合用于储氢的配位化合物。在流程中，$NaBH_4$ 和 H_2O 在室温下发生可控放热反应以制取氢气，该过程无需高压、无

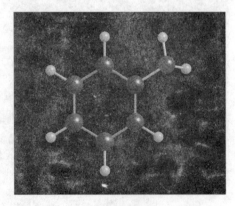

$NaBH_4$ 分子

副反应及有毒副产物。

配位氢化物吸放氢反应与储氢合金相比，主要差别是配位氢化物在普通条件下没有可逆的氢化反应，因而在"可逆"储氢方面的应用受到限制。结构分析表明，AlH_3 为缺电子基团，不能独立存在。但它可与负氢离子结合，生成四面体的 AlH_4。AlH_3 的缺电子特性预示着要想在比较温和的条件下获得上述前两个反应的逆反应必须使用催化剂，并选择合适的催化反应条件。目前，国外已前瞻性地开展了这一课题的研究。为促使电子转移，在催化剂的选择上，有无机盐和有机物。在 180℃和 8 兆帕的压力下，已可获得质量分数约 5% 的"可逆"储放氢容量。该类金属配位氢化物与储氢合金的吸放氢相比，尽管反应条件有些苛刻，但这一化学"可逆"储放氢无疑为配位氢化物的高效储放氢开辟了新途径。

未来的发展方向为开发相关的催化剂、降低制备成本及实现该过程的可逆循环。

五　物理吸附储氢

由于密度低，人们普遍认为使用碳材料（活性炭、纳米碳管等）储氢可以实现很高的质量储存密度。

氢在碳质材料中吸附储存主要分为在碳纳米材料中的吸附储存和在活性炭上吸附。

一些碳纳米材料，如碳纳米管、纳米碳纤维等是有希望的储氢材料。碳纳米管是一种具有很大表面积的碳材料，其上含有许多尺寸均一的微孔。当氢到达材料表面时，一方面被吸附在材料表面上；另一方面在微孔毛细管力的作用下，氢被压缩到微孔中，因此能储存相当多的氢。

碳纳米管由于其管道结构及多壁碳管之间的类石墨层空隙，使其

贴士

碳纳米管的硬度与金刚石相当，却拥有良好的柔韧性，可以拉伸。美国宾州州立大学的研究人员称，碳纳米管的强度比同体积钢的强度高 100 倍，重量却只有后者的 1/6 到 1/7。碳纳米管因而被称"超级纤维"。

碳纳米管

成为最有潜力的储氢材料，成为当前研究的热点。

可以看出，在纳米结构碳材料的储氢研究领域存在着许多争议和很大的分歧。这些争议和分歧的产生，主要是由于测试方法的准确性，各种纳米结构碳材料的纯度和结构差异以及在储氢测试前对样品进行不同预处理等原因造成的。因此，为了弄清纳米结构碳材料是否具有储氢前景以及什么结构的纳米碳材料更适于储氢，首先需要解决以下几个问题。

首先是纳米结构碳材料储氢测试方法的标准化。容量法是目前测定储氢量的主要方法，采用该法时应避免或消除可能引起误差的因素。

其次是储氢用纳米结构碳材料的结构评价。如果某种特殊结构的纳米碳材料具有较高的储氢能力，其结构特征如何，在纳米结构碳材料的制备过程中如何进行控制。

第三是储氢用纳米结构碳材料特别是较大直径单壁碳纳米管的制备、纯化和改性技术的研究。

最后是纳米结构碳材料的储氢机制，是物理吸附、化学吸附、两者兼而有之或是存在其他机制、吸附位及 H 与 C 相互作用的研究。

总之，纳米结构碳材料的储氢研究尚处于初级阶段，想达到 DOE 的目标还有很长的路要走。

六 有机化合物储氢

1. 有机化合物储氢原理

有机液态氢化物储氢技术是借助某些烯烃、炔烃或芳香烃等储氢剂和氢气的一对可逆反应来实现加氢和脱氢的。从反应的可逆性和储氢量等角度来看，苯和甲苯是比较理想的有机液体储氢剂，环己烷和甲基环己烷是较理想的有机液态氢载体。有机液态氢化物可逆储放氢系统是一个封闭的循环系统，由储氢剂的加氢反应，氢载体的储存、运输，氢载体的脱氢反应过程组成。氢气通过电解水或其他方法制备后，利用催化加氢装置，将氢储存在环己烷或甲基环己烷等氢载体中。由于氢载体在常温、常压下呈液体状态，其储存和运输简单易行。将氢载体输送到目的地后，再通过催化脱氢装置，在脱氢催化剂的作用下，在膜反应器中发生脱氢反应，释放出被储存的氢能，供用户使用，储氢剂则经过冷却后储存、运输、循环再利用。

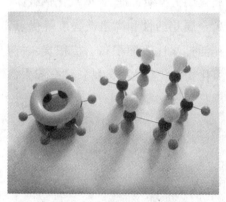

苯分子

2. 有机化合物储氢特点

和传统的储氢方法相比，有机液态氢化物储氢有以下特点。

首先的储氢量大，储氢密度高。苯和甲苯的理论储氢量分别为 7.19% 和 6.16%（质量分数），高于现有的金属氢化物储氢和高压压缩储氢的储氢量，其储氢密度也分别高达 56.0 克/升和 47.4 克/升。

其次是储氢效率高。以环己烷储氢构成的封闭循环系统为例，假定苯加氢反应时放出的热量可以回收的话，整个循环过程的效率高达 98%。

再次是氢载体储存、运输和维护安全方便，储氢设施简便，尤其适合于长距离氢能输送。氢载体环己烷和甲基环己烷在室温下呈液态，与汽油类似，可以方便地利用现有的储存和运输设备，这对长距离、大规模氢能输送意义重大。

最后是加脱氢反应高度可逆，储氢剂可反复循环使用。

3. 研究进展

（1）对于储氢方法的研究

自该技术于 1975 年首次被提出以来，国外一些学者就此项储氢技术进行了专门的研究，但是，还远远谈不上应用。一些研究结果显示，有机液态氢化物更适合大规模、季节性（约 100 天）能量储存。日本正在开

> **贴士**
>
> 苯在常温下为一种无色有甜味的透明液体，并具有强烈的芳香气味。苯是一种石油化工基本原料。苯的产量和生产的技术水平是一个国家石油化工发展水平的标志之一。

发水电解＋苯加氢电化学耦合系统，准备以环己烷为氢载体，海运输送氢能。瑞士在车载脱氢方面进行了深入的研究，并已经开发出两代试验原型汽车 MTH-1（1985 年）和 MTH-2（1989 年）。意大利也在利用该技术开发化学热泵，一些科学家利用甲基环己烷或环己烷系统可逆反应加氢放热，脱氢吸热的特性，用工业上大量存在的温度范围为 423 开～673 开的废热源供热，实现甲基环己烷或环己烷的脱氢反应，而甲苯或苯加氢反应放出的热量则以低压蒸汽的形式加以利用。

（2）对于储氢催化剂的研究

在有机液体氢载体脱氢催化剂中，贵金属组分起着脱氢作用，而酸性载体起着裂化和异构化的作用，是导致催化剂结焦、积炭的重要原因。因此，开发甲基环己烷脱氢催化剂的关键在于强化脱氢活性中心的同时，弱化催化剂的表面酸性中心。解决方案是从研究抗结焦的活性组分或助催化剂入手，对现有工业脱氢催化剂进行筛选和改性，强化其脱氢功能，弱化其表面酸性，以适应甲基环己烷系统苛刻条件对催化剂的要求。

有机液体氢化物脱氢催化剂开发的另一种思路是在载体负载活性组分前对其表面进行改性。研究高效、低温、长寿命脱氢催化剂是其中的重要内容。基本思路是在 γ 型氧化铝上覆炭，把 γ 型氧化铝载体高金属相活性和高机械强度等优点和活性炭比表面积高、抗积炭、抗氮化物毒化能力强的特长结合起来，

氧化铝粉末

从而提高活性组分的分散度，改善催化剂的抗结焦性能，有关实验正在进行中。

在目前的绿色化学研究体系中，离子液体作为一类新型的环境友好的"绿色溶剂"，具有很多独特的性质，如非挥发性、不易燃烧、高的热稳定性、较强的溶解能力等，因而在很多领域（如催化、合成、电化学、分离提纯等）有着诱人的应用前景。研究发现，将离子液体双相系统应用于苯、甲苯等芳烃的催化氢化中，可显著提高反应速率，同时产品易分离、易纯化、可重复使用、不会引起交叉污染，有效实现绿色催化与生产。

可以预见，在有机液体储氢技术的研究中，基于离子液体热稳定性好、通过阴阳离子设计可调节其物理化学性质及绿色对环境无害等特性，选择适宜离子液体作为加氢、脱氢反应的催化剂将是今后研究的一个重要方向。

4. 面临的挑战

有机液态氢化物储氢技术虽然取得长足的进展，但仍然有不少待解决的问题。

（1）脱氢效率低

有机液体氢载体的脱氢是一个强吸热、高度可逆的反应，其脱氢效率在很大程度上决定了这种储氢技术的应用前景。要想提高脱氢效率，必须升高反应温度或降低反应体系的压力。

（2）催化剂问题大

现在多采用脱氢催化剂 Pt_2Sn/γ 型氧化铝。其在较高温度下，非稳态操作的苛刻条件下，极易使积炭失活。另外，现有催化剂的低温脱氢活性还很难令人满意。需要开发出低温高效、长寿命脱氢催化剂。

七 其他储氢方法

1. 碳凝胶储氢

碳凝胶是一种类似于泡沫塑料的物质。这种材料的特点是：具有超细孔，大表面积，并且有一个固态的基体。通常它是由间苯二酚和甲醛溶液经过缩聚作用后，在1050℃的高温和惰性气氛中进行超临界分离和热解而得到的。这种材料具有纳米晶体结构，其微孔尺寸小于2纳米。最近试验结果表明，在8.3兆帕的高压下，其储氢量可达 3.7%（质量分数）。

2. 玻璃微球储氢

玻璃微球，玻璃态化结构，属非晶态结构材料，是将熔融的液态合金急冷而得。大多数玻璃态化材料的尺寸在 25 ~ 500 微米之间，球壁厚度仅 1 微米。在 200℃ ~ 400℃ 范围内，材料的穿透性增大，使得氢气可在一定压力的作用下浸入到玻璃体中存在的四面体或八面体空隙中，但这些空隙不规则且分散不均。当温度降至室温附近时，玻璃体的穿透性消失，然后随温度的升高便可释放出氢气。

日本东北大学对玻璃态化储氢材料的热稳定性及氢化反应特性等进行了研究。发现，结晶态材料的坪域较宽，非晶态的材料未出现坪域现象。

玻璃微球

玻璃态化材料最大的优点是没有微粉化现象。例如，玻璃态材料随着循环次数增加，氢的吸储速度也逐渐提高。这是由于未出现微粉化现象所致。

高功能玻璃态材料具有下述显著特点：同一组成的材料比晶态材料的吸氢量多；随着氢的浓度增加，其氢平衡压可急剧上升；即使多种金属元素组合，也能形成均一相；反复吸储和释放氢过程中，几乎不会出现粉末化，体积膨胀非常小；在玻璃相表面，具有无数活化点，适于作为催化剂或电极材料。

3. 氢浆储氢

所谓"氢浆"是指有机溶剂与金属储氢材料的固—液混合物，很明显，它可以用来储氢而且具有下述特点：固—液混合物可用泵输送，传热特性大大好于储氢合金；固—液混合物避免储氢合金粉化和粉末飞散问题，可减少气—固分离的难题；氢在液相中溶解和传递、再在液相或固体表面吸储或释放，整个过程除去附加热较容易做到；可改善储存容器的气密性和润滑性；工程放大设计较方便。

前面已经说明储氢合金吸放氢过程要发生粉化和体积膨胀（一般在 15%～25% 之间），且在氢气流驱动下粉末会逐渐堆积形成紧实区，加之氢化物的导热性很差（与玻璃相当），既降低传热效果又增加氢流动阻力而导致盛装容器破坏。所以，改善系统的传热传质非常重要。可以认为"氢浆"是目前解决储氢材料粉体床传热传质的最佳选择。自 20 世纪 80 年代中期美国布鲁克海文国家实验室发展的储氢合金浆液连续回收氢的系统均表明：溶剂的存在不影响合金粉料的储氢性能，并且表现出很好的吸放氢速度。浙江大学在教育部博士点基金支持下，于 20 世纪 90 年代中期建立了国内外首套浆料系统工业尾气氢回收中间试验。由于传热传质的改善，储氢合金的利用率比原来粉体床气—固反应提高了 25 倍。近年来，在国家氢能 973 项目的支持下，系统研究了高温型稀土—镁基储氢合金及其氢化物在浆液中催化液相苯加氢反应的催化活性。

在其研究中，他假定有机溶剂不储氢，因此其机理的使用范围受到很大限制。因为事实上有的有机溶剂可以储氢，这样，氢浆的液—固相都能储氢，情形要复杂些。

4. 冰笼储氢

据报道，美国华盛顿卡内基研究所的温迪·麦克和她的同事发现，

浙江大学

贴士

浙江大学前身是成立于1897年的求是书院，是中国人自己最早创办的高等学府之一。1928年更名为国立浙江大学。中华民国时期，浙江大学曾为中国最顶尖的几所大学之一，被英国著名学者李约瑟称誉为"东方剑桥"。

在足够高的压力下，氢分子可以压缩进用冰做的"笼子"内。

氢不像甲烷等分子较大的气体，可以"关押"在"冰笼"里，由于氢分子太小，很容易在"冰笼"内进进出出，因此难以"关押"。不过实验证明，如果压力足够高，氢分子能够成双成对或4个一组地被装进"冰笼"中。

为产生冰的"笼形物"，研究人员把氢和水的混合物加压到2000个大气压，开始时，氢和冰是分离的，且氢在冰的周围形成了气泡；但当温度冷却到−24℃时，水和氢就融合成了"笼形物"。可见，在制备过程中需要高压和低温条件。

一旦"笼形物"形成，就能用液氮作为冷却剂在低压下储存氢。目前，在大多数情况下，氢能汽车采用液态氢，而液态氢必须在−253℃的极低温下保存，这就需要复杂昂贵的冷却系统。相反，液氮是便宜且取之不尽的冷却剂，同时液氮对环境也不会造成污染，因此，用液氮保存氢的"笼形物"储氢具有良好的发展前景。

液氮罐

第二节　QINGQI DE SHUSONG

氢气的输送

　　氢气输送是氢能利用的重要环节。一般而言，氢气生产厂和用户会有一定的距离，这就存在氢气输送的问题。按照氢在输运时所处状态的不同，可以分为：气氢输送、液氢输送和固氢输送。其中前两者是目前正在大规模使用的两种方式。根据氢的输送距离、用氢要求及用户的分布情况，气氢可以用管网，或通过高压容器装在车、船等运输工具上进行输送。管网输送一般适用于用量大的场合，而车、船运输则适合于用户数量比较分散的场合。液氢、固氢输运方法一般是采用车船输送。

一　氢气输送

　　前面已经讲过，氢气的密度特别小，为了提高输送能力，一般将氢气加压，使体积大大缩小，然后装在高压容器中，用牵引卡车或船舶作较长距离的输送。在技术上，这种运输方法已经相当成熟。我国常用的高压管式拖车一般有多根高压储气管。高压储气管的直径 0.6 米，长 11 米，工作压力 20 兆帕。工作温度为 -40℃ ~ 60℃，单只钢瓶水容积为 2.25 立方米，单只钢瓶重量 2730 千克，通常用 8 根管，连

船舶

同附件，这样的车总重 26030 千克，装氢气 285 千克，输送氢气的效率只有 285/26030=1.1%。

可见，由于常规的高压储氢容器的本身重量很重，而氢气的密度又很小，所以装运的氢气重量只占总运输重量的 1%～2%。它只适用于将制氢厂的氢气输送给距离并不太远，同时需用氢气量不是很大的用户。按照对于每月运送 25.2 万立方米氢，距离 130 千米计，目前，每立方米的氢的运送成本约为 0.22 元。

对于大量、长距离的气氢输送，可以考虑用管道。氢气的长距离管道输送已有 60 余年的历史，最老的长距离氢气输送管道是在 1938 年德国鲁尔建成的，其总长达 208 千米，输氢管直径在 0.15～0.30 米之间，额定的输氢压力约为 252.5 兆帕，连接 18 个生产厂和用户，从未发生任何事故。在欧洲大约有 1500 千米长的输氢管。今天使用的输氢管线一般为钢管，运行压力为 10～20 巴（1兆～2兆帕），直径 0.25～0.30 米。

对于长距离而言，经过管道输送氢是最有效的方法。有报道称，输电过程的能量损失大约为 7.5%～8%，而输送同样距离的氢的损失要加倍。不过，也有不同的意见。美国普林斯顿大学的一些研

管道运输氢

究人员曾提出，通过氢气管网进行长距离能量输送的成本比通过输电线的成本要低得多。

比较氢气管道和天然气管道，会发现它们有很大的不同。以美国为例，美国现有氢气管道 720 千米，但是天然气管道却有 208 万千米，两者相差将近 1 万倍。美国氢气管道的造价为 31 万～94 万美元/千米，而天然气管道的造价仅 12.50 万～50 万美元/千米，氢气管道的造价是天然气的 2 倍多。气体在管道中的输送能量的大小，取决于输送气体的体积和流速。氢气在管道中的流速大约是天然气的 2.8 倍，但是同体积的氢气的能量密度只有

天然气的 1/3，因此用同一管道输送相同能量的氢气和天然气，压送氢气的泵站需要加大压缩机的功率，导致氢气输送成本要比天然气输送成本高。

　　能不能利用现存天然气管道输送氢气呢？如果能，则对氢能发展大有好处。其实现有的天然气管道可以用于输送氢气和天然气的混合气体，也可经过改造而输送纯氢气，这主要取决于钢管材质中的含碳量，低碳钢更适合输送纯氢。天然气管道压力比较低，一般 40.4 兆帕左右，可以使用便宜的塑料管，如聚氯乙烯（PVC）和新型的高密度聚乙烯管。但是，这些管道不能用于输氢管道上。全世界许多主要城市都建有这样的管道，最初它们是为传输城市煤气到普通家庭而建立的。

运输飞机

液氢生产厂至用户较远时，可以把液氢装在专用低温绝热槽罐内，放在卡车、机车、船舶或者飞机上运输。这是一种既能满足较大输氢量又比较快速、经济的运氢方法。

　　液氢槽车是关键设备，常用水平放置的圆筒形低温绝热槽罐。汽车用液氢储罐其储存液氢的容量可以达到 100 立方米。铁路用特殊大容量的槽车甚至可运输 120～200 立方米的液氢。据文献报道，俄罗斯的液氢储罐容量从 25 立方米

（二）液氢的输送

　　液氢一般采用车辆或船舶运输，

贴士

　　利用天然气管道输送天然气，是陆地上大量输送天然气的唯一方式。在世界管道总长中，天然气管道约占一半。中国是最早用木竹管输送天然气的国家。1600 年前后，四川省自流井气田就用管道进行气体输送了。

输送液氢专用的大型驳船

到 1437 立方米不等，25 立方米和 1437 立方米的液氢储罐分别自重 19 吨和 360 吨，可储液氢 1.75 吨和 100.59 吨，其储氢质量百分比为 9.2%～27.9%，储罐每天蒸发损失分别为 1.2% 和 0.13%。可见液氢储存密度和损失率与储氢罐的容积有较大的关系，大储氢罐的储氢效果要比小储氢罐好。

液氢可用船运输，这和运输液化天然气（LNG）相似，不过需要更好的绝热材料。使液氢在长距离运输过程中保持液态。美国宇航局（NASA）还建造输送液氢专用的大型驳船。驳船上装载有容量很大的储存液氢的容器。这种驳船可以把液氢通过海路从路易斯安那州运送到佛罗里达州的肯尼迪空间发射中心。驳船上的低温绝热罐的液氢储存容量可达 1000 立方米左右。显然，这种大容量液氢的海上运输要比陆上的铁路或高速公路上运输来得经济，同时也更加安全。日本、德国、加拿大都有类似的报道。

1990 年，德国材料研究所宣布，液氢和液化石油气（LPG）、液化天然气（LNG）一样安全，并允许向德国港口运输液氢。

液氢空运要比海运好，因为液氢的重量轻，有利于减少运费，而运输时间短则能够保证减少液氢挥发。

在特别的场合，液氢也可用专

门的液氢管道输送，由于液氢是一种低温（−253℃）的液体，其储存的容器及输送液氢管道都需有高度的绝热性能。即使如此，还会有一定的冷量损耗，所以管道容器的绝热结构就比较复杂。液氢管道一般只适用于短距离输送。据介绍，美国肯尼迪航天中心就采用真空多层绝热管路输送液氢。美国航天飞机液氢加注量1432立方米，液氢由液氢库输送到400米外的发射点。代号39A发射场的液氢管道是254毫米真空多层绝热管路，用20层极薄的铝箔构成反射屏，隔热材料为多层薄玻璃纤维纸。管路分节制造，每节管段长13.7米，在现场焊接连接。每节管段夹层中装有分子筛吸附剂和氧化钯吸氢剂，管路设计使用寿命为5年。代号39B发射场的254毫米真空多层绝热液氢管路结构及技术特性与39A发射场的基本相同，其不同点是：反射屏材料为镀铝聚酯薄膜，真空夹层中装填的吸附剂是活性炭，未采用氧化钯吸氢剂。在液氢温度下，压力为$133×10^{-4}$帕，分子筛对氢的吸附容量可达160毫升/克以上，而活性炭可达200毫升/克。影响夹层真空度的主要因素是残留的氢气、氖气。

美国航天飞机

为此，在夹层抽真空过程中用干燥氮气多次吹洗置换。分析表明，夹层残留气体中主要是氢，其最高含量可达95%，其次为N_2、O_2、H_2O、CO_2、He。分子筛在低温低压下对水仍有极强的吸附能力，所以采用分子筛作为吸附剂以吸附氧化钯吸氢后放出的水。分子筛吸水量超过2%时，其吸附能力将明显下降。

三　固氢输送

用储氢材料储存与输送氢比较简单，一般用储氢合金储存氢气，然后运输装有储氢合金的容器就是了。固氢有以下优点：体积储氢密度高；容器工作条件温和，不需要

钛基合金

高压容器和隔热容器；系统安全性好，没有爆炸危险。最大的缺点是运输效率还是很低，不到1%。

固氢输送装置应该重量轻、储氢能力大。如日本大阪氢工业研究所的多管式，大气热交换型固氢装置，可储氢134立方米，用672千克钛基储氢合金，储氢率为1.78%，氢压3.3兆~3.5兆帕。德国曼内斯曼公司、戴姆勒—奔驰公司采用7根直径0.114米管式内部隔离，外部冷热型固氢装置，储氢2000立方米，用10吨钛基储氢合金，储氢率为1.78%，氢压505兆帕。这里的钛基合金在放氢时，需加热较高的温度。

由于储氢合金价格高，通常为几十万元每吨，而且放氢速度慢，还要加热，所以用固氢输送的情形并不多见。

四　氢气输送的其他途径

有没有更好的办法去有效地输送氢气呢？专家们已经设计并试验了没有氢气的氢输送系统：即首先将氢转化为某种液体形式，如环己烷、甲醇、氨等，然后将这些液体送到用户，然后就地制氢，从而实现氢的高效输送。

近年来，提出利用环己烷简称（Cy）和甲基环己烷（MCH）等作

　　"973计划"的目标是加强原始性创新，在更深的层面和更广泛的领域解决国家经济与社会发展中的重大科学问题，以提高中国自主创新能力和解决重大问题的能力，为国家未来发展提供科学支撑。

为氢载体的有机液态氢化物可逆储放氢技术已被认为是长距离、大规模氢能输送的有效手段。据报道，它比用管道直接输送氢气和输电（氢发电，电能远距离输送）更经济，加拿大、瑞士、日本等国家对此都开展研究。西欧和加拿大自1986年就开展了名为"水力—氢气实验项目"（E2QHHPP）的合作研究，计划将加拿大丰富的水电能转换成氢能，以甲基环己烷为氢载体储存起来，输往欧洲，据估算其效率比用铁路输送煤炭的效率高出好几倍。最近日本人又开发出了水电解—苯电化学加氢系统，计划将水能转化

成氢能，然后以化学能的形式储存在环己烷中海运。我国的氢能973项目"大规模制氢、储氢、氢能输送及氢燃料电池基础研究"，也把有机液态氢化物可逆储放氢列为其中的重要内容。

　　不过，目前该方法还有不少问题没有解决，尚无大规模示范。主要问题是有机物氢载体的脱氢温度偏高，实际释氢效率偏低。开发低温高效的有机物氢载体脱氢催化剂、采用膜催化脱氢技术对提高过程效能有重要意义。

五　如何提高输氢效率

　　氢气的输送之所以效率低，原因还是在于储氢密度太低。目前的各种输送氢气的方法实际是输送储存的氢。如果储氢密度提高了，那输送氢气的效率自然也就提高。现在科学家大胆设想氢—电共同输送，可望大幅度提高能量输送效率。该设想是在特大规模的太阳能发电中

脱氢催化剂

太阳能电站

心，人们先利用太阳能光电或太阳能热电获得大量的电力。再利用这些可再生能源获得的清洁电力来电解水制氢，继而液化氢气得到液氢。利用多层同轴电缆，同时输送液氢和电。电缆中心输送液氢，同时利用液氢的极低的温度保持外层金属处于超导状态，因为没有电阻，电流通过就不会发热，就能大规模输送电，也大大减少了输电的损耗。同轴电缆的最外层是隔热、绝缘的防护层。氢—电同时输送的设想并非空穴来风。有专家预测，利用我国西北沙漠发展太阳能电厂，同时生产液氢和电，然后输送到我国东部沿海地区。设想一旦实现，将会大大改变我国的能源格局。

综上所述，氢气的输送虽然已有相当长的历史，但与能源发展的要求相比还有很大的差距，还有待于技术进步，以提高氢气输送效率降低成本。

第四章

Chapter 4

氢的利用——燃料电池

氢作为一种清洁能源已被广泛重视，并普遍作为燃料电池的动力源，然而制取氢的传统方法成本高，技术复杂。美国研究人员日前开发出一种利用木屑或农业废弃物的纤维素制取氢的技术，有望解决氢制取费用高的难题。

第一节 RANLIAO DIANCHI
燃料电池

我们知道，除伏打电池外，所有化学能在转变成电能之前，几乎都要经过中间燃烧，先得到热能，再由热能变成机械能驱动气轮机发电，把机械能再转变成电能。由于通过这些中间环节，所以要损失许多能量，转变效率很低，一般的火力发电，消耗的燃料只有10%左右能转变成电力。而20世纪50年代诞生的燃料电池可以省掉中间燃烧等环节，直接让化学能变成电能。

一 认识燃料电池

简单地说，燃料电池是一种将储存在燃料与氧化剂中的化学能高效地转化为电能的发电装置。燃料和空气分别送进燃料电池，电就被奇妙地生产出来。它从外表上看有正负极和电解质等，像一个蓄电池，但实质上它不能"储电"而是一个"发电厂"。燃料电池的概念是1839年提出的，至今已有大约170多年的历史。

为了更好地了解燃料电池，我们有必要明白"燃料"和"电池"这两个概念。

为了利用煤或石油这样的燃料来发电，必须先燃烧煤或石油。它们燃烧时产生的能量可以对水加热而使之变成蒸汽，蒸汽则可以用来使涡轮发电机在磁场中旋转，这样就产生了电流。也就是说，我们是

燃料电池

把燃料的化学能转变为热能，然后把热能转换为电能。在这种双转换的过程中，许多原来的化学能浪费掉了。然而燃料非常便宜，这种浪费也不妨碍我们生产大量的电力，因而无需昂贵的费用，也还有可能把化学能直接转换为电能，而无需先转换为热能。为此，我们必须使用电池。这种电池由一种或多种化学溶液组成，其中插入两根称为电极的金属棒。每一电极上都进行特殊的化学反应，电子不是被释出就是被吸收。一个电极上的电势比另一个电极上的大，因此，如果这两个电极用一根导线连接起来，电子就会通过导线从一个电极流向另一个电极。这样的电子流就是电流，只要电池中进行化学反应，这种电流就会继续下去。手电筒的电池是这种电池的一个例子。在某些情况下，当一个电池用完了以后，人们迫使电流返回流入这个电池，电池内会反过来发生化学反应，因此，电池能够贮存化学能，并用于再次产生电流。汽车里的蓄电池就是这种可逆电池。在一个电池里，浪费的化学能要少得多，因为其中只通过一个步骤就将化学能转变为电能。

然而，电池中的化学物质都是非常昂贵的。如锌用来制造手电筒的电池。如果试图使用足够的锌或类似的金属来为整个城市准备电力，那么，一天就要花费数十亿美元成本。

手电筒电池

燃料电池是一种把燃料和电池两种概念结合在一起的装置。它是一种电池，但不需用昂贵的金属而只用便宜的燃料来进行化学反应。这些燃料的化学能也通过一个步骤就变为电能，比通常通过两步方式的能量损失少得多。于是，可以为人类提供的电量就大大地增加了。

燃料电池实质上是根据控制氢弹爆炸的观念设计的，太空船上的燃料电池主要用来聚集星际旅行之间的氢气所产生的能量。太空船的太阳能板所聚集的电磁和太阳能将会转换成电能，而电能会用来慢慢地将存放在燃料电池内的氢置换成燃料。燃料电池内也含了一小部分受控制量的可进行核分裂的物质，这些物质依序用来与氢核进行核反应。核反应在燃料电池内进行，在太空旅程中提供高能量并加速离子引擎来推进太空船。在最后的旅程阶段，燃料电池提供了燃料火箭动力所需的氢。这整个过程受控在强大的电磁下，它能提供能量并且避免过量的能量外泄导致反应炉核心融毁。核反应的一项副产物——热能，则被燃料电池的外壁吸收并转换成供给电脑、维生系统和其他必要功用的电能。

燃料电池的结构和制造都比较简单。人们可以将含有氢的天然气等燃料从一根管道送进电池，将氧或氧化剂从另一根管道送进电池；天然气中的氢在有微孔的燃料电极上与氢氧化钾等碱性电解质进行氧化反应，生成带正电的离子和电子；

电子通过电路进入氧化剂那边的微孔电极上，并在这个电极上与氧化剂及电解质进行还原反应，生成带负电的离子。这样，正负离子在电解质中结合，生成水蒸气并产生电能。因此只要不断将含有氢的燃料和氧化剂供给电池，并及时把电极在反应过程中产生的化合物（水）排出，就能通过燃料电池将燃料产生的化学能直接转换成电能，这一过程被称为电化学反应。

由于这种反应过程唯一的生成物是水，从而避免了火力发电站产

火力发电站

贴 士

氢弹是核武器的一种。它是利用原子弹爆炸的能量，点燃氢的同位素氘等轻原子核的聚变反应瞬时释放出巨大能量的核武器。氢弹的杀伤破坏因素与原子弹相同，但威力比原子弹大得多。

生大量二氧化碳和二氧化硫等有害气体对环境的污染。也不像原子能发电站那样，必须处理带有放射性的核废料。

美国科学家最近研制出世界上最小的燃料电池，这种电池的直径只有3毫米，可以产生0.7伏的电压并能持续供电30个小时，这种燃料电池可以在不消耗电的情况下发电，它由4个部分组成。上一层是储水池，下层是一个装有金属氢化物的燃料堂，中间以一层薄膜隔开，在金属氢化物的燃料堂下方，还有一组电极。薄膜上还有许多小孔，使得储水池中的水分子可以以水蒸气的形式进入燃料堂，水分子进入燃料堂后，与金属氢化物发生化学反应并产生氢气。氢气随之会充满整个燃料堂，并向上冲击薄膜。阻止水流继续流入，然后氢气会在燃料堂下层的电极处发生化学反应，形成电流。

新电池体积非常小，而且没有重力。它的表现张力可以控制水流，这意味着即使处于移动的旋转状态下，也能够很好地工作。因此，它最适用于一些小电器。

二　燃料电池系统

以燃料电池的特点来看，燃料电池实际不是"电池"，而是一个发电装置——发电机。在英文中"燃料电池"用 fuel cell 表示，其实 cell 的原意是小室、细胞，并没有"电池"的意思。而电池英文用 bettery 表示，所以使用英文的人不会在"电池"和"燃料电池"之间有误解。早先的翻译人员将 fuel cell 译成"燃料电池"后，由于先入为主，就一直延续下来，积重难返。2003年在制定"燃料电池术语"的中国国家标准时，作者曾提议趁此机会重新翻译"fuel cell"一词，但未能被其他专家接受，于是以"国家标准"这一权威的形式，将容易使人误解的"燃料电池"合法化，文件化了。

小型燃料电池

燃料电池实际是一个大的发电系统，它需要有燃料供应系统，氧化剂系统，发电系统，水管理系统，热管理系统以及电力系统，控制系统组成。

燃料供应系统是给燃料电池提供燃料，如氢气、天然气、甲醇等。这一系统如果直接采用氢气的话可能比较简单，如果用化石燃料重整制取氢气的话也会相当复杂。

氧化剂系统主要是给燃料电池提供氧气，可以是直接使用纯氧，也可能是用空气中的氧。

发电系统是指燃料电池本身，它将燃料和氧化剂中的化学能直接变成电能，而不需要经过燃烧的过程，它是一个电化学装置。

水管理系统：由于质子交换膜燃料电池中质子是以水合离子状态进行传导，所以燃料电池需要有水，水少了，会影响电解质膜的质子传导特性，从而影响电池的性能。由于在电池的阴极生成水，所以需要不断及时地将这些水带走，否则会将电极"淹死"，也造成燃料电池失效。可见水的管理在燃料电池中至关重要。

热管理系统：对于大功率燃料电池而言，在其发电的同时，由于电池内阻的存在，不可避免地会产生热量，通常产生的热与其发电量相当。而燃料电池的工作温度是有一定限制的，如对质子交换膜燃料电池而言，应控制在80℃，因此需要及时将电池生成热带走，否则就会发生过热，烧坏电解质膜。水和空气是常用的传热介质。当然这一系统中必须包括泵（或风机），流量计，阀门等。

电力系统：指将燃料电池发出的直流电变为适合用户使用的电，如交流220伏，50赫兹等。

控制系统：是能及时监测和调节燃料电池工况的远距离数据传输系统。

贴士

交流电即交变电流，大小和方向都随时间做周期性变化的电流。直流电则相反。电网公司一般使用交流电方式送电，但有高压直流电用于远距离大功率输电、海底电缆输电、非同步的交流系统之间的联络等。

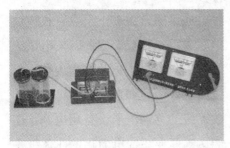

氢燃料电池

安全系统：由于氢是燃料电池的主要燃料。氢的安全十分重要，由氢气探测器、数据处理系统以及灭火设备等构成氢的安全系统。

当然，由于燃料电池的多样性，用户对象的不同，燃料电池的部分系统可能被简化以致取消。如微型燃料电池就不会再有自己独立的控制系统、安全系统。

人们一直就希望燃料电池能够很方便地用于工作场所，努力将燃料电池系统一体化。燃料电池正在以惊人的速度发展。

三　燃料电池的特点

燃料电池非常复杂，涉及化学热力学、电化学、电催化、材料科学、电力系统以及自动控制等学科的有关理论，具有发电效率高、环境污染少等优点。概括地说，燃料电池具有以下特点：

1. 能量转化效率高

燃料电池的电能转化效率理论值为82.9%，但实际上由于有电极的电阻（电阻分极）及反应时的损失（活性化分极、扩散分极），以及在实际使用的发电装置中辅机和电力转换的损失等，根据燃料种类和燃料电池的形式、容量的不同，输电端的发电效率仅能达到35%～55%（LHV）的程度。与发动机等热装置相比较，因其没有卡诺效率的热制约和机械损失，故能量转换效率较高。高温型燃料电池的发电效率为45%～55%（LHV），固体高分子型燃料电池中纯氢型燃料电池的发电效率约为50%（LHV），燃料改质型为33%～40%（LHV）。另外，由于

纯氢型燃料电池的汽车

高温型的排热为高温蒸汽和高温水，低温型的为温水，如果能有效地利用这些热量，综合能量效率则可以达到80%（LHV）以上。此外，燃料电池与发动机不同，它在部分负荷下也能高效率运行，因此，它尤其适于在部分负荷运行较多的汽车上应用。

2. 不排放有害物质

纯氢型燃料电池的排放物仅为水蒸气，使用化石燃料的燃料改质型燃料电池也不排放 NO_x、SO_x 以外的有害物质。也就是说，燃料中含有的硫分在脱硫器被除去，改质器内改质反应所需要的热由燃烧器内燃烧电池中的氢供给。由于氢的稀薄燃烧温度较低，因此产生的 NO_x 极少。燃料中含有的碳在改质过程中变成 CO_2 被排出。另外，燃料电池属于静止型发电装置，除鼓风机和泵以外没有其他可动部分，因此没有振动且低噪声。

3. 适于制造各种大小的发电装置

燃料电池的电池组由很薄的电池模块层组堆积制成。因为一枚模块的电压仅为 0.7 ~ 0.8 伏，所以这种电池组通常由数十至数百枚模块串联成层组构成。因此，发电系统的容量通过自由地改变模块数、电极的有效面积和层组数，可以制成数瓦级的移动电子设备用电源，还能达到商业用或电力用的兆瓦级发电设备。熔融碳酸盐型燃料电池适合中容量到大容量发电设备，即使对于数十至数百兆瓦的大容量电厂在理论上也有制造的可能性。但是还存在一些问题，如使用数万个模块的可靠性问题、数十至数百个兆瓦级电池层组的连续运行的技术问题和控制技术的开发与验证，以及为降低设备成本所需的巨大开发费用。与复杂的大型设备相比，数兆瓦以下的、中容量的燃料电池更具有利用的现实性。

4. 能利用多种原料和燃料

燃料改质型燃料电池使用天然气、液化石油气、煤油、甲醇、生物气体等燃料在发电装置内发生改质反应生成氢，供给电池组发电。

另外，对于利用含有大量 CO 的煤炭气化燃气的场合，适合于可以使用 CO 的熔融碳酸盐型和固体氧化物型燃料电池。

熔融碳酸盐型燃料电池

5. 长期运行使电极劣化、电压下降

燃料电池的电解质和催化剂根据燃料电池形式的不同而不同，但对于固体高分子型燃料电池而言，由于催化反应发生在纳米级大小的电极催化剂的微小三相界面的纤细结构上，因此容易发生劣化。经长时间运行，白金催化剂粒子的融合会导致反应比表面积减少、电解质膜劣化、担当催化剂的碳材料腐蚀等现象发生。因气体处于欠运转状态、在启动停止时模块被置于高电位状态下、气体被加速以及 CO 中毒等众多原因，所以必须考虑电极的构成材料、电极的制造方法及运行控制的方法等。

6. 燃料电池的制造需要先进的技术

纤细的电极的设计与制造、系统设计、运行控制等都需要先进的设计、制造及品质管理技术，对使用的材料、零件及整个系统的可靠性和耐久性也有较高的要求。

四 燃料电池分类

根据不同的标准，燃料电池大体可以有以下 4 种分类方法：

第一，根据燃料电池的运行机理的不同，分为酸性燃料电池和碱性燃料电池。

第二，电解质主要有酸性、碱性、熔融盐类或固体电解质。据此，燃料电池可分为碱性燃料电池、磷酸燃料电池、熔融碳酸盐燃料电池、固体氧化物燃料电池、质子交换膜燃料电池等。在燃料电池中，磷酸燃料电池、质子交换膜燃料电池可以冷起动和快起动，可以用作移动电源，竞争力更强。

第三，按照燃料类型的不同，有氢气、甲醇、甲烷、乙烷、甲苯、丁烯、丁烷等有机燃料，汽油、柴油和天然气等气体燃料。有机燃料和气体燃料必须经过重整器"重整"为氢气后，才能成为燃料电池的燃料。

第四，按照燃料电池工作温度

贴士

天然气，是一种多组分的混合气态化石燃料，它主要存在于油田和天然气田，也有少量出于煤层。天然气燃烧后无废渣、废水产生，相较煤炭、石油等能源有使用安全、热值高、洁净等优势。

酸性燃料电池

分，有低温型，温度低于200℃；中温型，温度为200℃～750℃；高温型，温度高于750℃。

在常温下工作的燃料电池，例如质子交换膜燃料电池，这类燃料电池需要采用贵金属作为催化剂。燃料的化学能绝大部分都能转化为电能，只产生少量的废热和水，不产生污染大气环境的氮氧化物。不需要废热能量回收装置，体积较小，质量较轻。但催化剂铂（Pt）会与工作介质中的一氧化碳（CO）发生作用后产生"中毒"现象而失效，

使燃料电池效率降低或完全损坏。而且铂（Pt）的价格很高，增加了燃料电池的成本。

另一类是在高温（600℃～1000℃）下工作的燃料电池，例如熔融碳酸盐燃料电池（熔融碳酸燃料电池）和固体氧化物燃料电池，这类的燃料电池不需要采用贵金属作为催化剂。但由于工作温度高，需要采用复合废热回收装置来利用废热，体积大，质量重，只适合用于大功率的发电厂中。

固体氧化物燃料电池

常见燃料电池

1839 年，第一块燃料电池在英国被发明出来。这种以铂黑为电极催化剂的、简单的氢氧燃料电池的首次应用，是点亮了伦敦讲演厅的照明灯。1889 年，燃料电池这一名称被正式采用。由于各种原因，燃料电池的研究直到 20 世纪 50 年代才有了实质性的进展，直到今天，燃料电池的技术已取得了巨大的进展。

一 碱性燃料电池

碱性燃料电池（AFC）是采用氢氧化钾等碱性水溶液作电解液，在 100℃以下工作的电池。燃料气体采用纯氢，氧化剂气体采用氧气或者空气，是一种利用氢氧离子的燃料电池。理论电压为 1.229 伏（25℃）。实际上，空气极的反应不是一次完成，而是，首先生成过氧化氢阴离子和氢氧根阴离子，在有分解过氧化氢阴离子的催化剂作用下，继续反应而成。由于经历了上面的反应步骤，开路电压为 1.1V 以下，而且空气极催化剂的不同，电压也不一样。在使用诸如铂或者银等加速过氧化氢阴离子分解的催化剂时，开路电压就会接近理论电压。碱性燃料电池具有与磷酸电解液相比，氧气的还原反应具有更容易进行，功率高，可在常温下启动；催化剂不一定使用铂系贵金属；二氧化碳会使电解液变质，性能降低的特征。

碱性燃料电池电池堆是由一定大小的电极面积、一定数量的单电池层压在一起，或用端板固定在一起而成。根据电解液的不同主要分为自由电解液型和担载型。用于宇宙航天燃料电池的代表例子是阿波罗宇宙飞船（1918—1972 年）的自由电解液型 PC3A-2 电池

碱性燃料电池

和宇宙飞船（1981 年）的担载型 PCI7-C 电池。

担载型与磷酸燃料电池同样，都是用石棉等多孔质体来浸渍保持电解液，为了在运转条件变动时，可以调节电解液的增减量，这种形状的电池堆，安装了贮槽和冷却板。作为宇宙飞船电源的 PCI7-C 中，每 2 个电池就安装了一片冷却板。自由电解液型具有电解液在燃料极和空气极之间流动的特征，电解液可以在电池堆外部进行冷却和蒸发水分。在构造方面，虽然不需要在电池堆内部装冷却板和电解液贮槽，但是由于需要将电解液注入各个单电池内，因此要有共用的电解液通道。如果通道中电解液流失，则会降低功率，影响寿命。

燃料极催化剂，除了使用铂、钯之外，还有碳载铂或雷尼镍。雷尼镍催化剂是一种从镍和铝合金中溶出、去除铝后，产生大量的、活性很强的微孔催化剂。因为活性强，空气中容易着火，不易处理。所以，为了在铝溶出后不丧失催化活性，进行氧化后，与 PTFE 黏合在一起，使用时再用氢进行还原。作为空气极的催化剂，高功率输出时需要采用金、铂、银，实际应用时一般采用表面积大、耐腐蚀性好的乙炔炭黑或炭等载铂或银。电极框一般采用聚砜和聚丙烯等合成树脂。担载材料方面开发出了取代石棉的钛酸钾与丁基橡胶混合物。电解液的隔板多使用多孔性的合成树脂或者非纺织物、网等。

碱性燃料电池的研究开发始于 20 世纪 20 年代。由于它在低温条件下工作，反应性能良好，1950—1960 年间进行了大量的开发，但不久停止了研究。由于 CO_2 会造成其特性下低，空气中 CO_2 浓度要控制在 0.035% 左右，所以要通过纯化后才能使用。因而，经济实用的纯化法成为其研究课题。欧洲与日本等国家在电解食盐制氢等纯氢利用方面和电动汽车电源等的储氢容器上又开始了实质性研究，美国也提出了再次研究的必要性。

磷酸盐燃料电池

磷酸盐燃料电池（PAFC）是以磷酸为电解质，在200℃左右下工作的燃料电池。磷酸燃料电池的电化学反应中，氢离子在高浓度的磷酸电解质中移动，电子在外部电路流动，电流和电压以直流形式输出。单电池的理论电压在190℃时是1.14V，但在输出电流时会产生欧姆极化，因此，实际运行时电压是0.6～0.8V的水平。

磷酸燃料电池的电解质是酸性，不存在像碱性燃料电池那样由CO_2造成的电解质变质，其重要特征是可以使用化石燃料重整得到的含有

磷酸盐燃料电池

CO_2的气体。由于可采用水冷却方式，排出的热量可以用作空调的冷-暖风以及热水供应，具有较高的综合效率。值得注意的是在磷酸燃料电池中，为了促进电极反应，使用了贵金属铂催化剂，为了防止铂催化剂中毒，必须把燃料气体中的硫化合物及一氧化碳的浓度必须降低到1%以下。

电池电压的大小决定了电池的输出功率大小，了解造成电压下降的主要原因是什么，对提高电池堆的输出功率起着重大的作用。影响电池特性下降的原因，可以从电阻引起的反应极化、活化极化和浓差极化这三个方面来进行解释。氢泄漏引起催化剂活性下降而导致活化极化、燃料气体不足会导致浓差极化，引起电池电压下降又可分为急剧下降和缓慢下降两种。可以认为：引起电池反应特性急剧下降的主要原因是磷酸不足和氢气不足；导致电池反应特性缓慢下降的主要原因是催化剂活性下降。此外，电池内局部短路、冷却管腐蚀、密封材料不良等引起的气体泄漏等也会引起特性下降。引起电池电压特性下降主要有磷酸不足、氢不足、催化剂活

性下降和催化剂层湿润导致特性下降等，了解电池电压特性下降现象，并掌握诊断方法就能保证磷酸燃料电池的长寿命和高效率。

三 熔融碳酸盐燃料电池

熔融碳酸盐燃料电池（MCFC）通常采用锂和钾或者锂、钠混合碳酸盐作为电解质，工作温度为 $600℃ \sim 700℃$。碳酸离子在电解质中向燃料极侧迁移，在燃料极，氢气和电解质中的 CO_3^{2-} 反应，生成水、二氧化碳和电子，生成的电子通过外部电路送往空气极。空气极的氧气、二氧化碳和电子发生反应，生成碳酸离子。碳酸离子在电解质中向燃料极扩散。

因为熔融碳酸燃料电池高温下工作，所以不需要使用贵金属催化剂，可以利用燃料电池内部产生的热和蒸汽进行重整气体，简化系统；除氢气以外，也可以使用一氧化碳

和煤气化气体。另外，从系统中排出热量既可直接驱动燃气轮机构成高效的发电系统，也可利用热回收进行余热发电，因此，热电联供系统能达到 $50\% \sim 65\%$ 的高效率。

熔融碳酸燃料电池的基本组成和磷酸燃料电池相同，主要由燃料极、空气极、隔膜和双极板组成。燃料极的材料不仅需要对燃料气体和电极反应生成的水蒸气及二氧化碳具有耐腐蚀性，而且对燃料气体气雾下的熔融碳酸盐也必须有耐腐蚀性，所以多采用镍微粒烧结的多孔材料。为了提高高温环境中的抗蠕变力，可添加铬和铝等金属元素。空气极的工作环境比较苛刻，所以一般采用多孔的金属氧化物如氧化镍等。虽然氧化镍没有导电性，但由于熔融碳酸盐中的锂离子作用而赋予了导电性。为了抑制其在熔融碳酸盐中的熔解还可添加镁、铁等金属元素。隔膜起着使燃料极和空

气极分离，防止燃料气体和氧气混合的作用。这种隔膜材料一般使用 γ 相的偏铝酸锂。考虑到碳酸盐的稳定性因素，也使用 α 相的偏铝酸锂来制备隔膜。此外，为保持高温的机械强度，可使用混合的氧化铝纤维及氧化铝的粗粒子。双极板主要起着分离各种气体、确保单电池间的电联结，向各个电极供应燃料气和氧化剂气体的作用。双极板采用的材料是镍－不锈钢的复合钢。流道由复合钢冲压成型，或采用平板钢与复合钢通过延压成波纹而成。

氧化镍

（四）　固体氧化物燃料电池

固体氧化物燃料电池（SOFC）是一种采用氧化钇、稳定的氧化锆等氧化物作为固体电解质的高温燃料电池。工作温度在 800℃ ~ 1000℃ 范围内。反应的标准理论电压值是 0.912V（1027℃），但受各组成气体分压的影响，实际单电池的电池电压值是 0.8V。固体氧化物燃料电池的电化学反应中，作为氧化剂的氧获得电子生成氧离子，与电解质中的氧空位交换位置，由空气极定向迁移到燃料极。在燃料极，通过电解质迁移来的氧离子和燃料气中的 H_2 或 CO 反应生成水、二氧化碳和电子。固体氧化物燃料电池具有高温工作、不需要贵金属催化剂；没有电解质泄漏或散佚的问题；可用一氧化碳作燃料，与煤气化发电设备相组合，利用高温排热建成热电联供系统或混合系统实现大功率和高效发电的特征。

固体氧化物燃料电池主要分为管式和平板式两种结构。

管式固体氧化物燃料电池是一个由燃料极、电解质、空气极构成的单电池管。这种管式固体氧化物燃料电池有很强的吸收热膨胀的能力，使在 1000℃ 的高温下也能稳定地运转。管式固体氧化物燃料电池电池堆可由 n 个管式电池单元组成。如美国 SWP 公司开发的管式固体氧化物燃料电池电池堆由 24 个管式电池单元组成，每 3 个并联在一起，每8个串联在一起。如果将电池单元彼此直接连结的话，不能解决温度变化时产生的热膨胀。所以，每个电池之间使用镍联结件。这样，镍联结件既能吸收热膨胀也能作为导电体。

平板式固体氧化物燃料电池主要分为双极式和波纹式。双极式固体氧化物燃料电池与质子交换膜燃料电池（PEM-FC）和磷酸燃料电池具有同样的结构，即把燃料极、电解质、空气极烧结为一体，形成三合一的平板状单电池，然后把平板状单电池和双极板层压而成。波纹式固体氧化物燃料电池有两种型式：一是将燃料极、电解质、空气极三合一的膜夹在双极联结件中间层压形成并流型；另一种是将平板状燃料极、空气极、电解质板夹在波板状的三维板中层压形成逆流型。

五　直接甲醇燃料电池

直接甲醇燃料电池（DMFC）是直接利用甲醇水溶液作为燃料、氧气或空气作为氧化剂的一种燃料电池。直接甲醇燃料电池也是一种质子交换膜燃料电池，其电池结构与质子交换膜燃料电池相似，只是阳极侧使用的燃料不同。通常的质子交换膜燃料电池使用氢气为燃料，称为氢燃料电池；质子交换膜燃料电池使用甲醇为燃料，称之为甲醇

平板式固体氧化物燃料电池

燃料电池。甲醇和水通过阳极扩散层至阳极催化剂层（即电化学活性反应区域），发生电化学氧化反应，生成二氧化碳、质子以及电子。质子在电场作用下通过电解质膜迁移到阴极催化剂层，与通过阴极扩散层扩散而至的氧气反应生成水。直接甲醇燃料电池具有储运方便的特点，是一种最容易产业化、商业化的燃料电池。

直接甲醇燃料电池的组成与质子交换膜燃料电池一样，其电池单元由三合一膜电极、燃料侧双极板、空气侧双极板以及冷却板构成。为了得到较高的输出电压，必须将电池单元串联起来组成电池堆，在电池堆两端得到所需功率。与质子交换膜燃料电池类似，直接甲醇燃料电池的关键材料主要有质子交换膜、催化剂和双极板。

六 其他类型的燃料电池

此外，直接肼燃料电池、直接二甲醚燃料电池、直接乙醇燃料电池、直接甲酸燃料电池、直接乙二醇燃料电池、直接丙二醇燃料电池、利用微生物发酵的生物燃料电池、采用 MEMS 技术的燃料电池也在研究之中。

第三节　RANLIAO DIANCHI DE YINGYONG
燃料电池的应用

燃料电池应用范围非常广泛，航天器、潜艇、手机、汽车、发电设备等均可使用。据统计，2005 年全球拥有 50 万个固定燃料电池装置，到 2015 年，燃料电池轻型汽车将在世界大部分地区实现商业化。

一　微型燃料电池

微型燃料电池定义为功率为几瓦到十几瓦的燃料电池，用于日常微电器。它可以是直接甲醇燃料电池，也可以是改型的质子交换膜燃料电池。微型燃料电池可作为移动电话、照相机、摄像机、计算机、无线电台、信号灯和其他小型便携电器的电源，无论是民用还是军事用途，都具有广泛的应用前景。

微型燃料电池

目前，微型燃料电池研发重点在于进一步减少电催化剂——贵金属铂的用量，以及通过改进的电解质膜来控制甲醇渗透（甲醇通过电解质膜导致燃料电池性能下降的现象）。两方面改进的主要作用在于降低成本、延长使用时间和提升输出功率。微型燃料电池面临着其他电池的竞争。微型燃料电池在发展的同时，锂离子电池、镍氢电池的新技术新产品不断推出，电池可靠性也在不断提高，所以在短期内燃料电池难以取代原有的二次电池。微型燃料电池的前景还是主要取决于其本身技术发展的程度，希望随着新材料的出现，新技术的应用，使微型燃料电池在寿命、容量、可靠性方面都有质的提高，那么，微型燃料电池的前途将是光明的。

分布式燃料电池电站

（二）家庭用燃料电池

1. 分布式燃料电池电站

分布式供电是最近兴起的供电方式，是指将发电系统以小规模（数千瓦至 50 兆瓦的小型模块）、分散式的方式布置在用户附近，可独立地输出电、热或（和）冷能的系统。

分布式供电方式最大的优点是不需远距离输配电设备，输电损失显著减少，并可按需要方便、灵活地利用排气热量实现热电联产或冷热电三联产。燃料电池电站的综合效率可达 70% ~ 80%，未利用的废热只有 20% ~ 30%，大大提高了能源利用率。

2. 社区用分布式热电联供燃料电池电站

社区用分布式热电联供燃料电池电站一般指功率在 100 千瓦以上的电站。目前，已经示范的这类电站主要有磷酸盐燃料电池电站、熔

磷酸盐是几乎所有食物的天然成分之一，作为重要的食品配料和功能添加剂被广泛用于食品加工业中。天然存在的磷酸盐是磷矿石（含磷酸钙），用硫酸跟磷矿石反应，生成能被植物吸收的磷酸二氢钙和硫酸钙，可制得磷酸盐。

融碳酸盐燃料电池电站和固体氧化物燃料电池/电站。

3. 家用热电联供燃料电池电站

家用热电联供燃料电池电站主要指功率为千瓦级的燃料电池电站。家用电站用城市煤气作燃料，经燃料电站给家庭供电，同时供应热水。

我国有数家公司可以制作5千瓦级质子交换膜燃料电池（质子交换膜燃料电池）电站，如上海神力公司、北京富原公司、北京飞驰绿能公司等。不过，到目前为止，国产燃料电池电站只能用氢气作燃料，还不能直接使用天然气。

由于分布式家用燃料电池电站有诸多优点，世界各国都投入大量人力、物力开发，虽然目前这种电站尚处于示范阶段，相信商业化的日子不会太远。

三 燃料电池汽车

燃料电池汽车无温室气体排放，是应对全球变暖之策，但成本较高，需氢气加注站。预计2015年起世界上行驶的燃料电池汽车将有数十万台。

尽管目前大多数汽车生产商仍将注意力集巾于混合动力汽车或纯电动汽车，但是燃料电池汽车的支持者们却认为，虽然氢动力汽车发展比混合动力、纯电动汽车晚两步，但其拥有更多的优势：燃料添加时间短、单次行程远等。另有专业人士认为，未来小型电动汽车将成为短途旅行的理想选择，而燃料电池技术则更适合大型车辆，如卡车等，因为盛装氢燃料的罐子会占很大空间。除了高成本外，氢气充电站和大小适中的车型缺乏也是燃料电池汽车研发道路上的障碍。

2009年9月，丰田、本田、现代、福特、通用、戴姆勒、起亚等知名汽车公司共同发表声明，呼吁各国政府在2015年前建立更多的氢燃料基础设施。如果这一目标能够实现，

燃料电池汽车

从 2015 年起，相信全球范围内将会有几十万辆氢动力汽车逐渐实现商业化生产。

通用汽车公司已研制成功使用液氢燃料电池产生动力的零排放概念车"氢动一号"，该车加速快，操作灵活，从 0 ~ 100 千米 / 时加速仅 16 秒，最高时速可达 140 千米 / 时，续驰里程 400 千米。空气产品公司、普拉克斯公司作为领先的液氢供应商，其供氢站已经可为氢燃料电池汽车供应 24 ~ 34 兆帕的液氢。

（四）燃料电池客船和飞机

研制燃料电池航空发动机的主要目的是减少飞机采用航空汽油对大气的污染。燃料电池进行的氢氧化学反应产生的只是纯净水，而这些水还可用来冲刷飞机上的厕所。采用燃料电池还可以将飞机上的动力系统与电力系统有效地结合起来，并减少飞机携带汽油的自重。将把燃料电池技术与太阳能技术结合起来，在下一代空中客车飞机的研制中引入这些新技术。

世界上第一架仅使用燃料电池为动力的飞机于 2009 年 7 月 9 日在德国问世，该飞机产生的二氧化碳排放为零。德国航天中心（DIR）发言人表示，该飞机采用了改进性能和

燃料电池飞机

贴士

无人驾驶飞机简称"无人机"，是利用无线电遥控设备和自备的程序控制装置操纵的不载人飞机。机上没有驾驶舱，但安装有自动驾驶仪、程序控制装置等设备。

高效率的燃料电池，借此可验证这一技术的实用潜力，也可望专门应用于航天事业。该系统采用氢气为燃料，直接转化成电能，与空气中的氧气发生电化学反应，无任何燃烧产生。仅有的副产物为水，如果氢燃料采用可再生能源来生产，则该飞机发动机完全无 CO_2 产生。德国航天中心（DLR）表示，虽然燃料电池要成为商用飞机推进的主要能源仍然有很长一段路要走，但因其是可靠的机载动力形式，将成为现有能源系统有魅力和重要的替代方案。

美国海军研究实验室于 2009 年 10 月 23 日宣布，称之为离子虎（Ion Tiger）的氢动力燃料电池无人飞机完成了 23 小时 17 分钟的飞行，创造了非官方燃料电池动力耐力飞行的纪录。离子虎氢动力无人飞机试飞始于美国马里兰州哈特福德（Hartford）郡阿伯丁（Aberdeen）试验场。该燃料电池动力推进系统有低噪声特点，充分利用了高能燃

料氢。550 瓦（0.75 马力）的燃料电池使氢动力无人飞机的效率与内燃机相比高出约 4 倍，并且，该系统比当量重量的电池能量高出 7 倍。

小型无人机的发展对美国海军执行任务是重要的，它提供的功能可从监控收集到通讯联系等。电动无人机有被地面几乎检测不到的额外功能。由于燃料电池系统高的能量，可望执行长航任务，从而可以有较大的巡航范围，减少日常起飞和降落的次数。这就提供了更多的使用能力，同时可节省机组人员的时间和精力。通过研究团队的努力，使氢动力燃料电池无人飞机具有高的动力、高效的燃料电池系统、轻量化的氢气储罐、改进的热能管理以及这些系统高效的集成，从而可实现远航飞行。

（五）工业应用的燃料电池发电系统

工业上应用的大型燃料电池发

电系统也步入快车道。陶氏化学公司与通用汽车公司（GM）合作，在美国得州自由港建设大型燃料电池发电系统。生产1兆瓦电力，该燃料电池项目最终可供应35兆瓦电力，占陶氏化学公司该生产地所需电力的2％。可大大提升氢气的利用价值。成为迄今最大的商业化燃料电池应用设施。陶氏化学公司从自由港提供副产的氢气以驱动该燃料电池，该燃料电池的投用减少了排放污染，并与其他能源供应展开竞争。

荷兰一家公司建造200千瓦（峰值）燃料电池发电模块，用以与阿克苏－诺贝尔碱化学品公司（鹿特丹）氯碱装置生产相链结，燃料电池耗用电解槽副产的氢气，并产生电力供电解装置使用，该设施于2005年10月投用。

利用盐水电解生产$C\lambda_2$和NaOH是化学工业中用电强度最高的工艺过程之一，氯碱工业消耗世界电力约1％，如果该装置不是一体化的化工联合装置（H_2可被利用）的一部分，则H_2常作为副产物而

氯碱装置

被排放。理论上，电解需要电力高达20%可由氯碱装置生产的全部 H_2 来供应。荷兰 NedStack 和阿克苏诺贝尔基础化学品公司在荷兰 Delffziil 建设合资的膜法电解装置，该装置设置50千瓦质子交换膜（PEM）燃料电池发电设施下游项目，项目采用来自电解槽的 H_2 副产品为进料，系统由12个质子交换膜反应堆构成，反应堆由 NedStack 公司制造，每一个拥有75PEM 燃料电池。每一个电池的有效面积为200平方厘米。该系统发出峰值电力为120兆瓦，应用中的静态电力为50千瓦，在56%（低热值氢气）操作点下，拥有理想的燃料电池转化效率。截至2008年4月中旬，该系统与电网相连已运行超过4000小时。燃料电池发电超过200兆瓦·时。

第五章

Chapter 5

氢能的其他利用方式

　　古人很早就知道用氢密度小的特点将人带上天，而现代社会对于氢能利用，更是五花八门，有的已经实现，有的还在努力追求中，为了达到清洁新能源的目标，氢能的利用将进入人类生活的方方面面。

第一节 QING NEI RANJI
氢内燃机

内燃机是将液体或气体燃料与空气混合后，直接输入汽缸内部的高压燃烧室燃烧爆发产生动力。它是一种将热能转化为机械能的热机。内燃机具有体积小、质量小、便于移动、热效率高、起动性能好的特点。但是内燃机一般使用石油燃料，同时排出的废气中含有害气体的成分较高。寻找内燃机石油燃料的替代能源就成为人们的研究方向，而氢能作为一种清洁的能源，受到了人们的青睐。

一 内燃机简介

内燃机包括汽油机和柴油机，是应用最广泛的热机。大多数内燃机是往复式，有汽缸和活塞。内燃机有很多分类方法，但常用的是根据点火顺序分类或根据汽缸排列方式分类。按点火或着火顺序可将内燃机分成四冲程发动机和二冲程发动机。

四冲程发动机完成一个循环要求有四个完全的活塞冲程。

首先是进气冲程活塞下行，进气门打开，空气被吸入而充满汽缸。

第二是压缩冲程所有气门关闭，活塞上行压缩空气，在接近压缩冲程终点时，开始喷射燃油。

第三是膨胀冲程（即工作冲程）

汽油机

所有气门关闭，燃烧的混合气膨胀，推动活塞下行，此冲程是四个冲程中唯一做功的冲程。

第四是排气冲程排气门打开，活塞上行将燃烧后的废气排出汽缸，开始下一个循环。

二冲程发动机是将四冲程发动机完成一个工作循环所需要的四个冲程纳入两个冲程中完成。当活塞在膨胀冲程中沿汽缸下行时，首先开启排气口，高压废气开始排入大气。当活塞向下运动时，同时压缩曲轴箱内的串气－燃油混合气；当活塞继续下行时，活塞开启进气口，使被压缩的空气－燃油混合气从曲轴箱进入汽缸。在压缩冲程（活塞上行），活塞先关闭进气口，然后关闭排气口，压缩汽缸中的混合气。在活塞将要到达上止点之前，火花塞将混合气点燃。于是活塞被燃烧膨胀的燃气推向下行，开始另一膨胀做功冲程。当活塞在上止点附近时，化油器进气口开启，新鲜空气一燃油混合气进入曲轴箱。在这种发动机中，润滑油与汽油混合在一起对曲轴和轴承进行润滑。这种发动机的曲轴每转一转每个汽缸就点火一次。

四冲程发动机和二冲程发动机相比，经济性好，滑润条件好，易于冷却；但二冲程发动机运动部件少，重量轻，发动机运转较平稳。

目前四缸和六缸汽车发动机一般采用直列布置，八缸汽车发动机一般采用 V 形布置。还有一种对置活塞发动机，它由两个活塞、两根曲轴和一个汽缸组成。两根曲轴由齿轮接合在一起，以保证同步运转。这种对置活塞布置一般用于大型柴油机。在石油工业中还采用一种三角形发动机，它是由三个对置活塞发动机组成，按三角形布置。

八缸汽车发动机

内燃机只能将燃料热能中的 25%～45%转换成机械能，其余部分大多被排气或冷却介质带走。因此如何利用内燃机排气中的能量就成了提高内燃机动力性和经济性中

涡轮增压有一定的负面影响，经过了增压之后，发动机在工作时候的压力和温度都大大升高，因此发动机寿命会比同样排量没有经过增压的发动机要短，而且机械性能、润滑性能都会受到影响。

的主要问题。

早在20世纪初，瑞士工程师就提出了涡轮增压的设想，即利用废气涡轮增压器给进入汽缸的气体增压，使进入汽缸的空气密度增加，从而大大提高缸内的平均指示压力，使内燃机的功率显著增加。近百年来，内燃机废气涡轮增压技术得到了迅速发展，现在国外60%以上车用柴油机都采用涡轮增压技术，车用汽油机采用增压技术也日益增多。

由于废气涡轮增压能回收25%～40%的排气能量，所以采用增压技术不但能提高发动机的功率，而且还能降低油耗和改善内燃机的排放性能。目前增压技术的发展主要表现在两方面：一方面是增压比和增压器效率不断提高；另一方面是增压系统向多种形式发展，使得变工况和低负荷下发动机都具有良好的运行特性。

二 氢在内燃机中的应用

现在各国都在寻找替代能源，大力发展低污染、节能的"清洁燃料"汽车，用以解决环境污染日趋加剧和石油资源短缺的问题。氢燃料被认为是未来最理想的车用能源之一。

氢作为车用能源有两种主流的转化方式，以质子交换方式的车用燃料电池发动机和以现有车用内燃机为基础的燃用氢的车用发动机。发展氢内燃机相对来说更容易实现，只需对传统内燃机作一些修改；此外，氢内燃机对氢纯度的要求也

氢内燃机

没有燃料电池那么严格，而且在内燃机应用方面，现有企业已经拥有了大量的经验。所以，很多人认为，发展氢内燃机是未来一段时间内的最好选择。

氢在内燃机中的氢燃用方式有双燃料混合燃烧和纯氢燃烧两种，它们分别有自己的特点。

1. 双燃料法

目前较为常用的是天然气掺氢燃烧，天然气和氢气同为气体，它们的混合气可以压缩后储存于同一气瓶内，在汽车上布置比较简单，而且天然气加氢后，内燃机性能和排放都有很大的改善，所以天然气加氢汽车，在近年来得到了广泛的研究。

汽油机掺氢燃烧的主要目的是提高热效率和降低油耗。氢气点火能量低（0.02MJ），火焰传播速度快，汽油机掺氢燃烧的着火延迟期将大大缩短，火焰传播速度也明显加快。同时，氢燃烧过程中 OH^-、H^+、O_2^- 活性离子也会使燃烧速度加快，抑制爆燃，这样发动机可以采用较大的压缩比，热效率较高。汽油—氢内燃机与传统汽油机的区别在于多

了一套控制加氢量的装置。加氢量根据发动机的转速、负荷等参数确定。高速高负荷时，为了防止汽缸内充量系数过小、功率不足而少加或不加氢气；在中等转速、中等负荷范围内，加氢率一般为5%左右效果较好；低速低负荷时，应多加氢或只用氢气做燃料，可以节约燃料、降低排放，且低温时易启动。

氢气的自燃温度很高，不能直接应用在柴油机上，需要在柴油机上安装火花塞或者使用一小部分柴油引燃氢气。

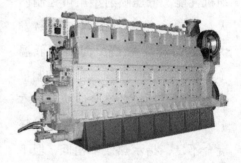

柴油机

2. 纯氢气法

燃用纯氢气的发动机称为氢气发动机。目前，氢气发动机的类型按混合气形成方式可分为预混式（采用化油器、进气管喷射）和缸内直

喷式（氢气直接喷入燃烧室）。缸内直喷式又分为低压喷射型（即氢气在压缩行程前半行程喷入，采用火花点火和热表面点火）和高压喷射型（即氢气在压缩行程末期将压力为 6 兆帕以上的氢气喷入汽缸，采用缸内炽热表面点火和火花塞点火）。

采用预混式外部混合气形成方式的氢气发动机输出功率低，易发生回火和早燃等不正常燃烧；若采用进气管喷水和废气再循环等措施，则需较大的喷水率和废气再循环率才有明显效果，但这会降低发动机性能。低压喷射型虽可控制回火，但喷入常温下的氢气时易发生早燃等异常燃烧，而喷入低温（−50℃ ~ −30℃）氢气虽可抑制早燃和提高发动机功率，但使其成本上升。高压喷射型由于氢气和空气混合不良，指示热效率稍低，但不会发生回火和早燃等异常燃烧，并可提高压缩比，从而提高输出功率，补偿热效率，改进发动机的整体性能。有研究表明液氢气高压喷射型将会有良好的发展前景。

在氢能源车研究领域，宝马和马自达一直走在世界前列，它们将氢气作为发动机燃料，实现了氢气和汽油双燃料的供应模式。但受制于配套实施的高昂费用使得这一新能源的普及还需时日。

在国内，发展氢能源的代表企业有奇瑞和长安。其中，奇瑞早在 2005 年即宣布联合研究的首台纯氢气内燃机运行成功。长安则在 2007 年完成了中国第一台高效零排放氢内燃机点火，并在 2008 年北京车展上展出了自主研发的中国首款氢动力概念跑车"氢程"。

氢动力汽车是一种真正实现零排放的交通工具，排放出的是纯净水，其具有无污染，零排放，储量丰富等优势，因此，氢动力汽车无疑是传统汽车最理想的替代方案。

三　氢内燃机优点及不足

氢内燃车依靠氢内燃机来驱动，相对于燃料电池而言，氢内燃机具有很明显的优点，也存在不足。

1. 氢内燃机的优点

氢内燃机基本上克服了氢氧燃料电池的几个缺点。它的优点主要表现在以下方面：

首先，氢内燃机不需要特殊的环境或者催化剂就能完成做功，这样就不会导致制造成本过高；其次，目前多数氢内燃机都是混合动力的，也就是既可以使用液氢，也可以使用汽油等作为燃料。这样，氢内燃机就成了一种非常好的过渡产品。假如氢内燃车行驶在途中，氢燃料耗尽，如果能找到加氢站的情况下，就补充氢燃料；或者先使用油箱里的汽油，等找到普通加油站再加汽油。这样就不会出现加氢站还不普及的时候人们不敢放心使用氢动力汽车的情况。再次，因为氢内燃机的基本原理与汽油或者柴油内燃机原理一样，所以不会出现汽车的加速性能下降的情况。最后，氢内燃机还有一些独特的优势，比如，由于其点火能量小，容易实现稀薄燃烧。

2. 氢内燃机的不足

与氢氧燃料电池相比，氢内燃机也存在一些不足，例如，氢内燃机是氢气与空气混合点燃，这样就会产生氮氧化物，这在燃料电池的反应产物中是没有的。

氢氧燃料电池以及氢内燃机都共同存在的一个缺点就是储运问题。氢在 -253℃ 的低温下是液态，常温下是气态，所以储运性能差。目前的存储方式有物理方式和化学方式

加油站

两种。物理方式有两种：一是液态氢法，这种方法的能量密度最大，液态氢气可在汽化后供给发动机，其困难在于保持液态氢容器处于 −253℃以下是一项难度极大的绝热保温技术，将氢气吸出来则又需很高的低温工程技术；二是以高压方式（2000～3000千帕）储存于金属容器中，也就是高压气瓶法，这种方法的能量密度小，储氢量少。化学方式即所谓储氢合金法，这种方法的安全性好，但储运能力较小，100千克合金的储氢能力还不到2千克。其次是制取困难，理论上可从水、煤、天然气等原料中制取氢，但到目前为止，制取氢的成本及消耗的能量很高，还不能大量生产作为氢内燃机的燃料。由此可见，必须解决储存运输困难和生产成本高的问题才能使氢燃料走向实用。

从长远来看，与氢内燃机相比，燃料电池比较有前景。但是氢内燃机克服了很多氢氧燃料电池的一些缺点和暂时无法解决的问题，在最近几十年内，氢内燃机作为一种过渡产品还是一个相当可行的方案。而且在一些特殊的情况下，比如汽车比赛中，还是氢内燃机更加适合一些。

第二节　QITA YINGYONG
其他应用

目前氢气的主要用途是在石化、冶金等工业中作为重要原料和物料，此外镍氢电池在手机、笔记本电脑、电动车方面也获得了广泛的应用，对于未来的"氢经济"而言，氢的应用技术主要包括：燃料电池、燃气轮机（蒸汽轮机）发电、内燃机和火箭发动机。

一　氢在燃气轮机发电系统中的应用

1. 燃气轮机及技术现状

燃气轮机是一种外燃机。它包括三个主要部件：压气机、燃烧室和燃气轮机。根据 Brayton 循环原理，空气进入压气机，被压缩升压后进入燃烧室，喷入燃料即进行恒压燃烧，燃烧所形成的高温燃气与燃烧室中的剩余空气混合后进入燃气轮机的喷管，膨胀加速而冲击叶轮对外做功。做功后的废气排入大气。燃气轮机所做的功一部分用于带动压气机，其余部分（称为净功）对外输出，用于带动发电机或其他负载。目前常用的燃气轮机功率为

燃气轮机

50 千瓦 ~ 240 兆瓦，常用燃料为天然气。

与内燃机和汽轮机相比，燃气轮机具有以下优点。

（1）重量轻、体积小、投资省

燃气轮机的重量及所占的容积一般只有汽轮机装置或内燃机的几分之一或几十分之一，因此它消耗材料少，投资费用低，建设周期短。

（2）启动快、操作方便

从冷态启动到满载只需几十秒或几十分钟，而汽轮机装置或大功率内燃机则需几分钟到几小时；同时由于燃气轮机结构简单、辅助设备少，运行时操作方便，能够实现遥控，自动化程度可以超过汽轮机或内燃机。

（3）水、电、润滑油消耗少

只需少量的冷却水或不用水，因此可以在缺水地区运行；辅助设备用电少，润滑油消耗少，通常只占燃料费的1%左右，而汽轮机或内燃机要占6%左右。

燃气轮机由于具有上述优点，因此应用范围越来越广，目前在以下几个领域已大量采用燃气轮机。

首先，航空领域。由于燃气轮

涡轮喷气发动机

机小而轻，启动快，马力大，因此在航空领域中已占绝对优势，涡轮喷气发动机、涡轮螺旋桨发动机、涡轮风扇发动机都是以燃气轮机作主机或启动辅机。

其次，舰船领域。目前燃气轮机已在高速水面舰艇、水翼艇、气垫船等中占压倒优势，在巡航机、特种舰船中得到了批量采用，海上钻采石油平台也广泛采用燃气轮机。

再有，陆上领域。在发电方面，燃气轮机主要用于尖峰负荷应急发电站和移动式电站，在机车、油田动力和坦克等方面也得到广泛应用。

为了进一步提高燃气轮机的热效率，必须寻求耐高温的材料，改进冷却技术，以提高燃气的初温；同时提高压比，充分地利用燃气轮机的余热，如研制新型的回热器，采用燃气–蒸汽联合循环，使燃气轮机既供电又供热等。目前陆用燃气轮机的初温已超过1400℃，单机功率已达250兆瓦，循环效率达37%～42%。现在蒸汽—燃气联合循环的效率已达55%。如果能采用廉价的燃料，燃气轮机将成为将热能转换成机械能的主角。

由于空气质量不断下降，各国

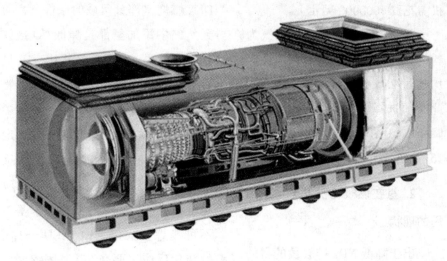

燃气轮机

均认识到必须降低 CO_x、NO_x、烟尘等污染物的排放量。在现代社会中，很大一部分能源通过火力发电被转化成电能，因此发电厂是最大的污染源之一，必须对发电设备加以必要的改进。1999 年美国加利福尼亚州当局规定发电用燃气轮机的 NO_x 排放量需低于 5×10^{-6}（体积分数），燃气轮机 – 蒸汽轮机系统 NO_x 排放量需低于 2.5×10^{-6}（体积分数）。

自 20 世纪 70 年代起，人们开始采用向燃气轮机燃烧室内喷入蒸汽或水、通过降低火焰温度的方法来降低 NO_x 的排放量。但随之而来的问题是 CO 排放量大大增加。

20 世纪 80 年代中期后出现了无需喷水即可降低 NO_x，排量的 DLN（dry, low NO_x）燃烧室，其特点在于燃料进入燃烧室前与空气预混合，燃烧室内可使用很大的空燃比，过量的空气不仅可以使燃料完全燃烧，而且可替代喷水 / 蒸汽，达到降温的目的。由于通过燃烧室的空气流量是恒定的，因此 DLN 燃烧室面临的问题是在部分负载时，空燃比过大，偶尔出现低于天然气的燃烧范围的情况，不能完全保证火焰的稳定性，还会产生噪音，只能外加其他设备对空气流量加以控制，额外增加成本 33 ～ 50 美元 / 千瓦（一台 20 ～ 30 兆瓦的燃气轮机需花费 1000000 美元）。

目前，绝大多数以天然气为原料的燃气轮机外排气体中 NOx 含量均超过 25×10^{-6}（体积分数），因此必须选择催化还原（SCR）技术降低 NOx 的排放量，需额外增加 15 ～ 25 美元 / 千瓦成本。

2. 氢在燃气轮机发电系统中应用的现状

出于降低 NOx 排放量的目的，目前氢主要是以富氢燃气（富氢天然气或合成气）的形式应用于燃气轮机发电系统，关于纯氢作为燃料气的报道很少。

很多机构研究了富氢天然气用作燃气轮机燃料气的可行性。GE 公司通过研究，认为富氢天然气可以很好地保证火焰稳定性，氢含量（体积分数）为 10% ～ 20% 时，可改善排放性能。

大量关于此技术的结果来自 20 世纪 90 年代建立的 IGCC 发电厂，这些发电厂所使用的燃料气为烃类燃料经过重整形成的合成物，H_2 含量一般均高于 20%（体积分数）。

大量的实验结果表明，无论是在向燃烧室内喷水 / 蒸汽，还是在 DLN 燃烧室部分负载的条件下，向天然气中添加氢都是降低 CO 排放量的好办法。与天然气相比，H_2 具有更大的火焰传播速度和更宽的燃烧范围，后者意味着即使在非常稀薄的条件下，H_2 也能保持非常稳定的火焰，而前者意味着 H_2 的燃烧反应比天然气快得多，因此，在反应完全结束前，喷入的蒸汽或水基本不可能熄灭火焰。由于 $CO \rightarrow CO_2$ 的转化反应主要受 OH 基团控制，因此即使喷入蒸汽后温度有所降低，此转化反应仍可进行完全。

二 氢在喷气发动机上的应用

氢用作燃料能源的优点，在对重量十分敏感的航天、航空领域，显得格外突出。首先，在航天方面，对于航天飞机来说，减轻燃料自重，增加有效载荷极为重要，而氢的能量密度很高，每千克氢为 1.8 万瓦，是普通汽油的 3 倍，也就是说，只要用 1/3 重量的氢燃料，就可以代替汽油燃料，这对航天飞机无疑是极为有利的。以氢作为发动机的推进剂、以氧作为氧化剂组成化学燃料，把液氢装在外部推进剂桶内，

贴士

宇宙飞船是一种运送航天员、货物到达太空并安全返回的一次性使用的航天器。它能基本保证航天员在太空短期生活并进行一定的工作。它的运行时间一般是几天到半个月，一般能乘坐 2 到 3 名航天员。

每次发射需用 1450 立方米，约 100 吨，这就可以节省 2/3 的起飞重量，从而也就满足了航天飞机起飞时所必需的基本燃料的需求了。

氢作为航天动力燃料，可追溯到 1960 年，液氢首次成为太空火箭的燃料，到 20 世纪 70 年代，美国发射的"阿波罗"登月飞船使用的起飞火箭燃料也是液态氢。美国和苏联等航天大国，还将氢氧燃料电池作为空间轨道站的电源广泛应用。今后，氢将更是航天飞机必不可少的动力燃料。

科学家们正在研究设计一种"固态氢"宇宙飞船，这种飞船由直径为 3.6 米的"氢冰球"簇制成，这是用小型助推火箭发射的氢冰球在地球轨道上组装起来的，固态氢既

太空火箭

氢动力燃料飞机

作为飞船的结构材料，又作为飞船的动力燃料，在飞行期间，飞船上的所有非重要零件都可以"消耗掉"。预计这种飞船在地球轨道附近可维持运行 24 年；如在离太阳较远的深层宇宙飞行，这种氢冰球体，则可维持更长的时间。这种科学预想预计 2020 年就可实现。

其次，在航空方面，氢作为动力燃料也已经开始飞上飞机试飞航线。1989 年 4 月，苏联用一架图 -155 运输客机改装的氢能燃料实验飞机，试飞成功，它为人类应用氢能源迈出了成功的一步。据欧盟的"CRYOPLANE"计划，以"空中客车"公司为首的 35 家欧洲企业和研究中心经过 26 个月的研究后认为，液氢作为未来的航空燃料在技术上是可行的，使用液氢不但能极大地降低航空飞行对环境的影响，而且也能充分满足目前世界航空适航性的安全要求。

研究表明，使用液氢可以大大降低飞机起飞重量或者使飞机装载更多的货物。研究人员同时表示，液氢的体积以及必要的隔离设施大幅度地改变了目前飞机外形的设计，因此还需要对飞机燃料供应系统各种部件的组合进行补充研究。此外，氢燃料燃烧后排出大量的水，这些水如何形成冷凝带，会不会对飞行产生影响，也需要通过试飞进行更加深入的分析。

"CRYOPLANE"计划是欧盟于2000年推出的，目的是研究飞机使用液氢燃料的可行性，从而减少航空运输对空气的污染和对世界气候的影响。研究内容涉及飞机外形及性能、

（三）　燃烧氢气发电

大型电站，无论是水电、火电或核电，都是把发出的电送往电网，由电网输送给用户。但是各种用电户的负荷不同，电网有时是高峰，有时是低谷。为了调节峰荷，电网中常需要启动快的和比较灵活的发电站，氢能发电就最适合扮演这个角色。利用氢气和氧气燃烧，组成氢氧发电机组。这种机组是火箭型内燃发动机配以发电机，它不需要复杂的蒸汽锅炉系统，因此结构简单，维修方便，启动迅速，要开即开，欲停即停。在电网低负荷时，还可吸收多余的电来进行电解水、生产氢和氧，以备高峰时发电用。这种调节作用对于电网运行是有利的。另外，氢和氧还可直接改变常规火

氢冷却发电装置

力发电机组的运行状况，提高电站的发电能力。例如，氢氧燃烧组成磁流体发电，利用液氢冷却发电装置，进而提高机组功率等。

更新的氢能发电方式是氢燃料电池。这是利用氢和氧（成空气）直接经过电化学反应而产生电能的装置。换言之，也是水电解槽产生氢和氧的逆反应。20世纪70年代以来，有些国家加紧研究各种燃料电池，现已进入商业性开发。

氢燃料电池技术一直被认为是利用氢能，解决未来人类能源危机的终极方案。上海一直是中国氢燃料电池研发和应用的重要基地，包括上汽、上海神力、同济大学等企业与高校，也一直在从事研发氢燃料电池和氢能车辆。随着中国经济的快速发展，汽车工业已经成为中国的支柱产业之一。2007年，中国已成为世界第三大汽车生产国和第二大汽车市场。在能源供应日益紧张的今天，发展新能源汽车已迫在眉睫。用氢能作为汽车的燃料无疑是最佳选择。

尽管许多专家认为，氢能的大量利用将在10多年后。但一些大的石油公司包括BP和壳牌都将能源市场锁定为氢燃料。氢气可作为某些化工和炼油生产的副产品而低成本生产，但大量生产需要能源和基础设施，因而用作燃料仍存在一些问题。